园林景观施工与养护管理

宋新红　潘天阳　崔素娟　著

汕頭大學出版社

图书在版编目（CIP）数据

园林景观施工与养护管理 / 宋新红，潘天阳，崔素娟著. -- 汕头 : 汕头大学出版社，2021.1

ISBN 978-7-5658-4248-1

Ⅰ. ①园… Ⅱ. ①宋… ②潘… ③崔… Ⅲ. ①园林－工程施工②园林植物－观赏园艺 Ⅳ. ①TU986.3②S688

中国版本图书馆CIP数据核字(2020)第264396号

园林景观施工与养护管理

YUANLIN JINGGUAN SHIGONG YU YANGHU GUANLI

作　　者：宋新红　潘天阳　崔素娟

责任编辑：邹　峰

责任技编：黄东生

封面设计：徐逍逍

出版发行：汕头大学出版社

广东省汕头市大学路243号汕头大学校园内　邮政编码：515063

电　　话：0754-82904613

印　　刷：三河市嵩川印刷有限公司

开　　本：710mm×1000 mm 1/16

印　　张：8

字　　数：135 千字

版　　次：2021 年 1 月第 1 版

印　　次：2022 年 1 月第 1 次印刷

定　　价：48.00 元

ISBN 978-7-5658-4248-1

前 言

园林技术的建设可以显著改善我国城市的生态环境，确保空气质量、水资源和经济发展处于平衡与稳定的状态。它还反映了人们对优质生活的迫切需求，有利于提高人们的环境保护意识，实现国家环境可持续发展的目标。园林绿化工程也是我国实现经济快速稳定增长目标的重点项目。

在实施园林绿化施工过程中，要求工作人员科学选择植物物种，对植物的生长规律进行全面分析，不仅要考虑其美观性，同时还需兼顾植物间的协调搭配，保证实际选择的植物与周边的环境及不同植物间能有效协调，防止其对周边生态景观的平衡产生影响。在选择物种时，通常优先选用本土植物。相较于外来植物而言，本土植物存活率更高，且能更好地与城市环境相适应，不会对周围环境起改变作用，更不会对生态平衡产生影响，所以具有更好的环保性能。如若要求对外来植物物种进行引入,则需要工作人员事先全面调查将要引进物种的生长习性，不但要保证园林物种的多样性，而且需要防止产生外来物种入侵的情况。在选择物种时，需要将植物物种的生长规律考虑在内，因为不同季节， 植物的外观会出现相应变化，所以在选择物种时，可以考虑其季节变化的特征，从而合理搭配常绿植物和不同类型的落叶草本植物，以保证在各个季节中植物均能呈现不一样的美，并且能满足环境净化的要求。

园林景观施工与养护存在很多技术和技巧，本书对这方面进行了仔细的梳理和分析，希望可以为从事园林领域的工作者提供一些有益的参考和借鉴。

目录

第一章　园林景观

第一节　园林的含义与发展

一、园林的含义与特性

（一）园林的含义

“园林”一词在古汉语中由来已久，并非园与林的合称，也不是园林中有树林的意思，而是园的总汇，泛指各种不同的园子和其内部要素。《娇女诗》：“驰骛翔园林，果下皆生摘。”《洛阳伽蓝记·城东》：“园林山池之美，诸王莫及。”《杂诗》：“暮春和气应，白日照园林。”这里的“园林”就是我们今天所谓的有树木花草、假山水榭、亭台楼阁，供人休息和游赏的地方。

“园”原意为种植花果、树木、蔬菜的地方，周围有垣篱。《诗经·郑风·将仲子》：“将仲子兮，无逾我园，无折我树檀。”《毛传》：“园，所以树木也。”《说文·口部》：“园，所以树果也。”到了汉代，又有帝王或王妃的墓地等含义。《正字通·口部》：“园，历代帝后葬所曰园。”园还指供人憩息、游乐或观赏的地方。《汉成阳令唐扶颂》：“白菟素鸠，游君园庭。”

如果我们将中国传统园林加以分析，不难发现园林均有水池树木、花草和堆石，由自然园子和人工屋舍共同组成。传统园林最初的平面几乎都是居室前有一水池，配有树木、花卉、假山，并以墙垣相围合，也可以说“园”已概括了自然的因子和人工的要素。它又包含了人们思想意识的要求和艺术心理上的内容，给人以精神的感染。因此，它具有物质和精神的双重作用。

园林既要以自然的水、石、植物和动物等为主要元素，但又少不了供大众游览观赏使用的如道路、构筑物等人工设施。因此，园林应是以自然素材为主，兼有人为设施，按照科学的规律和艺术的原则，组织供人们享用的优美空间地域。它的美好，也就成了人们向往的地域。

关于“园林”的含义，一直以来，学术界对这一概念无明确的定论，至今尚有不同的看法。《中国大百科全书》将其明确定义为：“在一定的地域内运用工程技术和艺术手段，通过改造地形（或进一步筑山、叠石、理水）、种植树木花草、营造建筑和布置园路等途径创作而成的优美的自然环境与游憩区域，称为园林。”而根据《园林基本术语标准》的定义，园林是指在一定地域内运用工程技术和艺术手段，通过因地制宜地改造地形、整治水系、栽种植物、营造建筑和布置园路等方法创作而成的优美的游憩境域。

关于“园林”，我们可以综合定义为：在限定的范围中，通过对地形、水体、建筑、植物的合理布置而创造的，可供人们欣赏自然美的环境综合体。现代通常认为的园林范畴，可大到上万公顷的风景区，小到可置于掌上的插花盆景，包括庭园、宅园、小游园、花园、公园、植物园、动物园等。随着园林学科的不断发展，还逐渐包括了森林公园、风景名胜区、自然保护区或国家公园的游览区及休养胜地等。

园林的发展是与人类历史的发展紧密联系的，是人与自然关系的反映。随着社会的不断发展，城邑的出现，更多的人离开了与自己长期相处的山川进入了城镇。但封建时代在封建王朝的统治下，只有那些帝王、贵族、商贾才有权势和财力来建造带有园林的宫苑府邸与山庄供其享乐，也反映了他们对自然的需要和追求。

在欧洲，15世纪所产生的意大利台地园、17世纪的法国古典园林和18世纪所形成的英国自然风致园都曾风行一时，皆为当时一定社会条件的产物。近代公园的兴起、屋顶花园的出现、抽象园林的产生也都反映了园林形态随着社会的发展而变化，由少数人占有和使用的宫苑与花园，发展到为广大群众共享的公共绿地，从居住的宅园到为旅游服务的风景名胜区（国家公园），园林逐渐从少数人拥有的专用地域转变为大众群体享用的社会空间。随着人们对物质文明、精神文明及环境效益要求的提高，更加认识到园林的重要。

（二）园林学的特性

“园林是一门艺术”“园林是室外的休息空间”“园林是自然的再现”……人们从不同角度对园林的认识，充分反映了园林学科的多维性。园林是科学、技术和艺术的综合，而其内容和要求会随着不同的要求有所变化，随着条件的要求可以偏重于园艺，也可以偏重于技术，还可以偏重于艺术。它可能因为环境、地域或园林类型等要求的差异而偏重有所不同。如植物园，以园艺为主；街头广场、游乐园，可能对工程技术有更高的要求；盆景园、宅园，其艺术布局则显得更为重要。

1.综合性

园林学是一门综合性学科。园林的创作必须同时满足其科学性和艺术性。从科学性角度，需要掌握植物学、测量学、土壤学、建筑构造、气象、地学、人文、历史等知识；从艺术学角度，应了解美学、美术、文学等理论。园林不仅有自己的学科体系，并且与其他学科相互渗透。我们只有掌握了园林的综合性特点，才能把握园林的艺术性、经济性和发展性。

2.艺术性

艺术性是指园林在满足人们观光游览、欣赏、游憩等需要的同时，还能创造出美感并让人得以享乐。它是指通过一定的艺术手段，将园林要素组合成有机整体从而创造出丰富多彩的园林景观，给予人们赏心悦目的美的享受。

3.经济性

经济性一般指在园林达到游憩、观赏目的的过程中，一方面要尽量减少经济建设的投资，做到经济适用；另一方面，对园林建设投入的人力、物力、财力反映了一个地区一个时代的经济发展和科技技术与文化水平，也反映了园林是种重要的社会物质财富，在满足游人欣赏、活动、游憩需要的同时，还可以增加如钓鱼、养花、种植等趣味和经济活动，以获取更多实用性价值。

4.发展性

在人类社会不断发展的过程中，每种文化都在参与甚至支配着社会的发展，发达的社会背后必定有某种先进的文化作为一种精神的消费。中国园林中的诗赋楹联及其伴生的山水书画，千百年来，对国民美学意识的形成起到了潜移默化的作用，推动着社会文化的不断进步和发展。园林的以上几方面特性相互结合、相互影响，并且相互促进，从而造就出符合每个时代的艺术典型，充分体现了人们的聪明智慧。古代的园林艺术带来一个又一个新的时代的发展，而各个时代的发展和艺术进步又不断产生着对经济建设的促进作用，这便是它们各自的特性和谐统一的体现。

二、园林的发展阶段与形式

在人类历史的长河中，纵观过去、现在和展望未来，人与自然环境的关系变化大体上呈现出四个不同的阶段，相应地，园林的发展也大致可以分为四个阶段，而这四个阶段之间并非截然的“断裂”。由于每个阶段人与自然环境的隔离状况不完全一样，因此，园林作为这种隔离的补偿而创造出的“第二自然”，它的内容、性质和范围也有所不同。

（一）园林的发展阶段

1.第一阶段——人类社会的原始时期

这一时期的生产力低下，劳动工具十分简陋，人类对外部自然环境的主动作用极其有限，几乎完全被动地依赖自然。人类往往受到寒冷、饥饿、猛兽等侵袭和疾病死亡等困难的威胁，因此逐渐聚群而居形成原始的聚落，但并没有隔绝于自然环境。人与自然环境呈现为亲和的关系。这种情况下没有必要也没有可能出现园林。直到后期进入原始农业的公社，聚落附近出现种植场地，房前屋后有了果木蔬圃。虽说出于生产的目的，但在客观上多少接近园林的雏形，开始了园林的萌芽。

2.第二阶段——奴隶社会和封建社会时期

在奴隶社会和封建社会的漫长时期，人们对自然界已经有所了解，能自觉地加以开发，大量耕作农田，兴修水利灌溉工程，还开采矿山和砍伐森林。这些活动创造了农业文明所特有的“田园风光”，但同时也带来了对自然环境一定程度的破坏。但毕竟限于当时低下的生产力和技术条件，破坏尚处在比较局部的状态。从区域性的客观范围来看，尚未引起严重的自然生态失衡及自然生态系统的恶性变异。即便有所变异，也是旷日持久、极其缓慢的。如我国的关中平原历经周、秦、汉、唐千余年的不断开发，直到唐末宋初才逐渐显露出生态恶性变异的后果，从而促成经济和政治中心东移。

总的看来，这个阶段人与自然环境之间已从感性的适应阶段转变为理性的适应阶段，但仍保持着亲和的关系。这一时期形成的不同风格的园林，都具有四个共同的特点：①绝大多数是直接为统治阶级服务，或者归他们所有；②主流是封闭的，内向型的；③以追求视觉的景观之美和精神寄托为主要目的，并没有自觉地体现所谓的社会、环境效益；④造园工作由工匠、文人和艺术家完成。

这些原理按照四大要素的构配方式来加以归纳，无非两种基本形式，即规整式和风景式。前者讲究规划的格律、对称均齐，具有明确的轴线和几何对位关系，甚至花草树木都加以修剪成型并纳入几何关系之中，注重显示园林总体的人工图案美，表现出一种人为控制的有序理性的自然，以法国古典园林为代表。后者的规划完全灵活而不拘一格，注重显示纯自然的天成之美，表现出一种顺应大自然风景构成规律的缩影和模拟，以中国古典园林为代表。这两种截然相反的古典园林体现各有不同的创作主导思想，集中地反映了西方和东方在哲学、美学思维方式与文化背景上的根本差异。

3.第三阶段——18世纪中叶至20世纪60年代

这一时期的工业革命带来了科学技术的飞跃进步和大规模的机器生产方式，为人们开发自然提供了更有效的手段。人们从自然那里获得前所未有的物质财富的同时，无计划的掠夺性的开发也造成了自然环境的破坏，出现了植被减少、水土流失、水体和空气的污染、气候改变，导致宏观大范围内自然生态的失衡。同时，资本主义大工业相对集中，城市人口密集，大城市不断膨胀，居住环境恶化。这种情形到19世纪中叶后在一些发达国家更为显著，人与自然环境的关系由亲和转为对立、敌斥。有识之士提出改良学说，其中包括自然保护的对策和城市园林绿化方面的探索。

19世纪下半叶，美国造园大师F.L.奥姆斯特德规划纽约及波士顿、华盛顿的公园绿地系统。他是第一位把自己称为“风景园林师”的人，他的城市园林化思想逐渐为公众和政府接受。“公园”作为一种新兴的公共园林在欧美的大城市中普遍建成，并陆续出现街道广场绿化，以及公共建筑、校园、住宅区的绿化等多种形式的公共园林。他在实践的同时还致力于人才的培养，在哈佛大学创办景观规划专业，专门培养这方面的从业人员——现代的职业造园师。稍后，英国学者霍华德提出“田园城市”的设想。1989年，美国风景园林协会（ASLA）成立。1900年，美国哈佛大学首先开设风景园林学，独立的专业和学科，标志现代风景学科的建立。1948年，国际风景园林师联合会（IFLA）成立。

相对来说，中国园林学科有着一段曲折发展史。这一阶段的园林与此前相比，在内容和性质上均有所发展和变化：①出现由政府出资经营，属于政府所有的并向公众开放的公共园林；②园林的规划设计已经摆脱私有的局限性，从封闭的内向型转变为开放的外向型；③兴造园林不仅为了获取视觉景观之美和精神的陶冶，同时还着重发挥其改善城市环境质量的生态作用——环境效益，以及为市民提供公共游憩和交往活动的场地——社会效益；④由现代型的职业造园师主持园林的规划设计工作，这也是现代园林与古典园林的区别所在。

4.第四阶段——20世纪60年代至今

这一阶段，人们的物质生活和精神生活水平比此前大为提高，有了足够的时间和经济条件来参与各种有利于身心健康，促进身心再生的业余活动（休闲旅游等）。同时面对日益严重的环境问题，人们深刻认识到，对资源开发、利用的程度超过了资源的恢复和再生能力所造成的无法弥补的损失，提出了可持续发展战略，人与自然的理性适应状态逐渐升级到更高的境界，二者之间的敌斥、对立关系又逐渐转为亲和。①私人所有的园林已不占主导地位，城市公共园林绿化开放空间及各种户外娱乐场地扩大；城市的建筑设计由个体而群体，更与园林绿化相结合转化为环境设计；确立了城市生态系统的概念；②园林绿化以改善城市环境质量、创造合理的城市生态系统为根本目的，充分发挥植物在产生氧气，防止大气污染和土壤被侵蚀，增强土壤肥力，涵养水源，为鸟类提供栖息场所及防灾减灾等方面的积极作用，并在此基础上进行了园林审美的构思；③在实践工作中，城市的飞速发展改变了建筑和城市的时空观，建筑、城市规划、园林三者关系已密不可分，往往是“你中有我，我中有你”。

（二）园林的形式

1.规则式园林

这类园林又可以称为“几何式”“整形式”“对称式”或“建筑式”园林。整个园林布局表现出人为控制下的几何图案美。园林要素的配合在构图上呈几何构图形式，在平面规划上通常依据一条中轴线，在整体布局中追求前后左右对称。

园地划分时多采用几何图形；花园的线条、园路多采用直线形态；广场、水池、花坛多采取几何形体；植物配置多采用对称式种植，株行距明显均齐，花木常被修剪为一定的整形图案，园内行道树排列整齐、端直、美观。

对于水体的设计，外形轮廓均为几何形，多采用整齐的驳岸；水景的类型以整形水池、壁泉、整形瀑布及运河等为主，其中常以喷泉作为主题水景。园林中不仅单体建筑采用中轴对称均衡的设计，建筑群的布局，也采取中轴对称均衡的手法控制全园。

园林中的广场外形轮廓均为几何形。封闭性的草坪、规则式林带、树墙、道路均为直线、折线或几何曲线组成，构成方格形、环状放射形等规则图形的几何布局。园内花卉布置一般以用图案为主题的模纹花坛和花境为主，树木配置以行列式和对称式为主，并运用大量的绿篱、绿墙隔离和组织空间。

树木整形修剪以模拟建筑体形和动物形态为主，如绿柱、绿塔、绿门、绿亭和用常绿树修剪而成的鸟兽等。除建筑花坛、规则式水景和喷泉为主景外，还常采用盆树、盆花、瓶饰、雕像为主要景物。雕塑小品的基座为规则式，其位置多配置于轴线的起点、终点或交点上。规则式园林给人的感觉是雄伟、整齐、庄严。它的规划手法，从另一角度探索，园林轴线多视为是主体建筑室内中轴线向室外的延伸。一般情况下，主体建筑主轴线和室外园林轴线是一致的。

2.自然式园林

自然式园林又称风景式、不规则式、山水派园林。中国园林从有记载的周秦时代开始，经历代的发展，不论是大型的帝皇苑囿、皇家宫苑，还是小型的私家宅园，都以自然山水园林为主。发展到清代，保留至今的皇家园林（如颐和园、承德避暑山庄、圆明园），私家宅园（如苏州的拙政园、网师园等）都是自然山水园林的代表作品。

中国自然式园林6世纪传入日本，18世纪后半叶传入英国。自然式园林以模仿再现自然为主，不追求对称的平面布局，园林要素组合造型均采用自然的布置，相互关系较隐蔽含蓄。这种园林形式适宜于有山、水和地形起伏的环境，以含蓄、幽雅的意境深远而见长。自然式园林讲究“相地合宜，构园得体”，地形处理“得景随形”“自成天然之趣”，在园林中，要求再现大自然的山峰、崖岭峡谷、坞、洞、穴等地貌景观。

园林的水体讲究“疏源之去由，察水之来历”，主要类型有湖、池、潭、沼、汀、溪、涧、洲、湾、瀑布、跌水等。水体的轮廓为自然屈曲，水岸为自然曲线的倾斜坡度，驳岸采用自然山石砌成。自然式园林种植反映大自然植物群落，不成行成排栽植，不修剪树木，种植以孤植、丛植、群植、密林为主要形式。

建筑群多采用不对称均衡的布局，不以轴线控制，但局部可有轴线处理。园林建筑类型有亭、廊、榭、舫、楼、阁、轩、馆、台、厅、堂、桥等。园路的走向、布局随地形而弯，自然起伏，曲线流畅。园林小品有假山、叠石、盆景、石刻、石雕、木刻景窗、门、墙等，多配置于透视线集中的焦点位置。

3.混合式园林

混合式园林，实际上是类似于规则式、自然式两种不同形式规划交错组合的一种近现代园林形式。园林中既有自然式园林形式的出现，又有规则式园林的存在，它们各自占有一定的比例。

混合式园林整体上没有或不能形成控制全园的主中轴线和次轴线，只有局部节点或建筑存在中轴对称布局，全园没有明显的自然山水骨架和自然格局。一般情况下，多结合地形和周围环境，在原地形平坦原始树木较少处可安排规则式园林布局。在原地形条件较复杂，地形起伏不平的丘陵、山谷、洼地或水体，或树木较多的自然林则可规划为自然式园林。大面积园林以自然式为宜，小面积以规则式较为经济。现代城市的林荫道广场、街心绿地等以规则式为宜；居民区、单位、工厂、学校、大型建筑前广场绿地以混合式为宜。

三、世界园林发展概况

（一）西方古代园林

1.中世纪园林（5世纪—15世纪）

5世纪，罗马帝国崩溃，直到15世纪的欧洲，其间称为中世纪。在这一时期，欧洲分裂为许多大小不等的封建领地，由于领主权力有限，教会借此发展为拥有强大物质和精神力量的政治势力，大多数艺术在这样的环境下难以发展。由于这一时期教会统治的黑暗，人们将这一段近于千年的历史称为“黑暗的中世纪”。这段时间是西方园林史上最漫长的一次低潮。7世纪—15世纪，阿拉伯人征服了横跨亚、非、欧三大洲的广大区域，建立了伊斯兰大帝国。阿拉伯人是沙漠上的游牧民族，祖先逐水草而居，对绿洲和水的特殊感情在园林艺术上表现出深刻的影响性。特别是受到西亚古埃及的影响，其带来了东方植物及伊斯兰造园艺术，形成了阿拉伯园林风格。

2.意大利园林（16世纪）

16世纪欧洲以意大利为中心兴起的文艺复兴运动，冲破了中世纪封建社会统治的黑暗时期。西方园林的高水平发展也始于此时，园林艺术也组成了文艺复兴高潮的一部分。文艺复兴时期的意大利园林继承了古罗马庄园的传统，但注入了新的内容。意大利造园出现了庄园或别墅为主的新面貌，成为世界园林史上最具代表性的一种台地式庄园或别墅的园林形式。由于意大利三面环海，多为山地，气候炎热，这种园林多建于山坡地段，就坡势分成若干层台地，也因此称为台地园。

一切艺术形式来源于生活，意大利台地园的艺术形式是与意大利的自然条件和文艺复兴的社会意识及意大利的生活方式密切相关的。初期承袭罗马式台坡式庭院，顺地势修筑几层平台，每层边沿都雕栏玉砌，主要的别墅建筑大多位于偏上的平台或最高层。以别墅为中心，沿山坡中轴线开辟一层层台地，配置平台，每层平台对称设置花坛、水池喷泉和雕塑（它的轴线就是园林的对称轴线），站在台地之上，可以纵深眺望远方借景。这是规整式园林与风景式园林相结合的一种形式。

这一时期，理水手法更为丰富。位于佛罗伦萨的埃斯特园，于高处汇水为蓄水池，顺坡下引称为水瀑、水梯，下一层台地则利用水落差压力设计成各式喷泉，到最底层又汇成水池。不仅如此，还利用水流跌落设计水风琴等音乐流水声供人们欣赏。意大利台地园是新的社会阶层创造性的产物，具有鲜明的个性。炎热的气候决定了其建造在依山面海的坡地之上，有利于大陆海洋气流交换而保持凉爽。降温是水景频繁利用的最实用动机。人们充分利用高差创造了丰富的理水手法。位于台地最高层的视线，海天一色巨大尺度突出了自然气氛，而削弱了视线下层整形植坛绿丛园中的规则式图案的人工环境，从而使整形的园林与自然园林得到最佳的和谐统一，但依然以前者为其主要景观组成。由于意大利强烈的阳光，限制了艳丽花卉的运用，因此，为保持安宁清爽，常绿植物灌木成为园中的主景。

意大利台地园采用轴线法，严格对称台地，坐南朝北，一般分为3级台地。其特点如下：依山势开辟台地，各层次自然相连；建筑位于最上层，保留城堡式传统；分区简洁，对称水池、植坛，借景园外；喷水池在局部中心，池中有雕像。意大利文艺复兴时期的园林中还出现了一种新的造园方法——绣毯式植坛，即在一大块平地上，利用灌木花草的栽植镶嵌组合成各种纹样图案，好似铺于大地上的地毯。这一时期，中世纪园林的实用性依然存在，但有所发展。

随着美洲大陆的发现，更多的植物被发现并得到广泛运用。埃斯特庄园为意大利台地园的典范，是罗马伊波利托·埃斯特的庄园。庄园始建于1550年，由当时罗马最优秀的建筑师利戈里奥设计。利戈里奥不仅是一位建筑师，还是一位艺术家和园林设计师。他充分发挥其才华，将别墅花园的几何形构想与建筑感紧密结合，突出喷泉等细部，以及雕塑和镶嵌工艺的大胆运用，使别墅建筑室内的乡村风景画与室外的景观相得益彰。

3.法国园林（17世纪）

15世纪—16世纪，法国与意大利发生了3次大规模战争。17世纪后期，法国夺取了欧、亚、美洲大片领土，法国国王路易十四（1643—1715）建立了君主集权政体，形成了强大的国王专制局面。这一时期，意大利文艺复兴式庄园文化和园林建筑艺术开始渗入法国并得到法国人的喜爱，文化艺术方面也得到欣欣向荣的成长和发展。

法国大部分位于平原地区，有大片的天然植被和大量的河湖。法国人并没有完全接受台地园的形式，他们结合其地势平坦、气候宜人之特点，把中轴线对称均齐的规整式园林布局手法用于平地造园，形成一种平地几何对称均齐规整式庄园，但法国的建筑依然采用中世纪的城堡形式绿化，显得单调乏味，只有庄园外的森林用作狩猎场所。

法国园林的特点如下：出现整形苑园模式，刻意追求几何图形的整齐植坛；由于平原宜人的气候条件，因此花草树木色彩多样；总体布局像建立在封建等级制上的君主专制政体的图解；花园的主轴线更加突出且加强；园景呈平面发展，利用开阔的天然植被和大草地，讲究平面图案美；树木被极度地修剪成几何形体；用雕像、行道树、喷泉、花坛、小型运河等作为园林装饰。

就在法国的极盛时代，路易十四开始不满于现状，和教皇一样，为了满足自己的虚荣，表现自己的强大和权威，转而追求宫殿庄严、壮丽、宏大的气氛，建造了宏伟的皇家宫苑，于是出现了西方规则式园林发展的顶点标志——凡尔赛宫。凡尔赛宫位于法国巴黎西南郊外20千米，原为路易十三的狩猎场，1661

年经路易十四下令扩建而发展为法国皇宫，历经不断规划设计改造、增建，至1756年路易十五时期才最后完成，共历时90余年，曾作为法兰西宫廷长达107年（1682—1789）。凡尔赛宫由法国最杰出的造园大师勒诺特设计和主持建造，他起初喜好意大利台地园形式设计，但由于法国地处平原，河湖较多，地形高差小，气温、阳光与意大利有较大差别，只能较少运用瀑布和叠水，因此根据法国的地形条件和文化风尚，他将瀑布跌水改为水池河渠，绿丛植坛也运用于高大宫殿两旁，并大量运用花卉充植于其中，色彩绚丽，唯恐不鲜艳夺目，并将高瞻远景变为前景的平眺。他一方面继承了法兰西园林民族形式的传统，另一方面批判地吸收了外来园林艺术的优秀成就，并结合法国的自然条件才创作出了符合新内容要求的新形式——法国古典园林。凡尔赛宫按照路易十四的决定保留了原三合院式的猎庄，将其作为全宫苑的中心，称为御院，院前建扇形练兵广场，并向前方修筑3条放射形大道。宫西建有面积约6.7平方千米的花园，分为南、北、中三个部分。南北两部分都为绣花式花坛，再向南为橘园、人工湖；北面花坛由密林包围，景色幽雅；一条林荫道向北穿过密林，尽头为大水池、海神喷泉。3千米的中轴向西穿过林园直达十二丛林（大、小林园）。中轴线进入大林园后，与大运河相连，大运河为两条十字交叉的水渠构成“十”字形。纵长1500米，横长1013米，宽120米，具有空间开阔的意境。大运河南端为动物园，北端为特里阿农殿。1670年，路易十四在大运河横臂北端为其贵妇蒙泰斯潘建造了一个中国茶室，小巧别致，室内装饰陈色均为中国传统样式布置，开启了外国引进中式建筑风格之先例。凡尔赛宫苑是法国古典建筑与山水、丛林相结合的规模宏大的宫廷园林。主体建筑占统治地位，其前面有宽广的林荫道和广场，可满足人们旷达的心理，可同时容纳上万人活动。同时，各个局部多利用丛林安排十分巧妙的透视线，避免一览无余的弊端。园内所有植物的修剪和造型均显示出高超的技艺。宫苑周围一般无围墙，为大量不修剪的自然丛林，园内景色与远景景色融为一体，形成空间的无限感。凡尔赛宫苑在欧洲影响很大，引起很多国家纷纷效仿。

4.英国园林（18世纪）

英国是海洋包围的岛国，气候潮湿，国土基本平坦或多缓丘地带。地理条件得天独厚，民族传统观念较稳固，有其自己的审美传统与兴趣、观念，尤其对大自然的热爱与追求，形成了英国独特的园林风格。英国园林大致分为三个发展时期和主要园林形式。

（1）英国传统庄园

14世纪之前，英国造园主要模仿意大利的别墅、庄园，园林的规划设计为封闭的环境，多构成古典城堡式的官邸，以防御功能为主。随着13世纪后期新式火炮的出现，城堡的防御功能消失殆尽，英国的造园开始从封闭式的内向庄园城堡走了出来，潮湿的海洋气候使生机勃勃的树林遍布于绿草如茵的山坡，美丽的风景成为高地庄园内的眺望对象。此时的英国庄园开始改变古典式城堡而转向追求大自然风景与自然结合的新庄园形式——“台丘”，这对其后园林传统的影响极为深远。

（2）英国整形园

17世纪，英国模仿法国凡尔赛宫苑刻意追求几何整齐植坛，造园出现了明显的人工雕饰，原有的乔木、树丛和绿地被严重破坏，自然景观丧失。皇家宫苑等一些园林，将树木、灌木丛修建成构筑物、鸟兽形状和模纹花坛，各处布置奇形怪状形成所谓的“整形园”。一时成为上流社会的风尚，其后也在英国影响久远。但它对自然的严重破坏却受到许多学者和作家的批评。培根在《论园苑》中指出：这些园充满了人为意味，只可供孩子们玩赏。1685年，外交官坦普尔在《论伊壁鸠鲁式的园林》一文中说：完全不规则的中国园林可能比其他形式的园林更美。18世纪初，作家艾迪生也指出，“我们英国园林师不是顺应自然，而是喜欢尽量违背自然”“每一棵树上都有刀剪的痕迹”。英国的教训，实为后世之鉴，也为英国自然风景园的出现创造了条件。

（3）英国自然风景园

18世纪，英国的工业革命使其成为世界上的头号工业大国，商业也逐渐发达，英国成为世界强国。特别是毛纺工业的发展，英国在遍布树林的缓丘和绿茵的山坡，开辟了许多牧羊草地。这些地方，草地、森林、树丛、丘陵地貌的结合，构成了天然别致的自然景观，国土面貌大为改观，人们更重视自然保护，热爱自然。这种优美的自然景观促进了风景画和园林诗的兴盛。当时英国生物学家也大力提倡造林，文学家、画家发表了较多颂扬自然树林的作品，并出现了浪漫主义思潮。于是封闭式的城堡园林和凡尔赛宫式规整严谨的整形园林逐渐被人们厌弃，加上受中国园林启迪等，英国园林师们将注意力投向了自然，注意从自然风景中汲取营养，其造园开始吸取中国园林绘画的自然手法与欧洲风景画的特色，探求本国的新园林形式，逐渐形成了自然风景园的新风格，出现了英国自然风景园。

当时，几乎彻底否定了纹样植坛、笔直的林荫道、方整的水池及整形的树木，扬弃了一切几何形状和对称均齐的布局，代之以弯曲道路、自然式树丛、丘陵、草地、蜿蜒的河流，讲究借景与自然环境融为一体，甚至将文艺复兴时期和法国式园林都改成风景式园林，以至于在当时的英国很难找到传统的古代园林。园林师肯特在园林设计中大量运用自然手法，改造了白金汉郡的斯托乌府邸园。园中有形状自然的河流、湖泊，起伏的草地，自然生长的树木，弯曲的小径。其后他的助手布朗又对其进行彻底改造，除去一切规则式痕迹，全园呈现出牧歌式的自然景色。此举引起人们争相效仿，形成了“自然风景学派”。1757年和1772年，英国建筑师、园林师钱伯斯曾两次到中国考察，先后出版了《中国建筑设计》和《东方造园泛论》，主张并设计了具有中国式手法的“英中式园林”。由于中国园林中的建筑实在难以模仿，英中式园林中的建筑尽管有些怪诞，但其园林终于形成了一个流派，在欧洲曾风行一时。

（二）古埃及与西亚园林

从西班牙到印度，横跨亚欧大陆有着一种至今看起来都显得刻板的园林形式，即西亚园林。在四大文明古国中，现今的阿拉伯地区就占了半数。埃及临近西亚，埃及的尼罗河流域和西亚的两河流域同为人类文明最早的两个发源地，园林出现也很早。古代世界七大奇迹中唯一与园林有关的便是古巴比伦的悬空园。

1.古埃及园林

古埃及园林是世界上最早的规整式园林。古埃及与西亚气候干燥炎热，临近沙漠景色单调，水和树木便成为人们生存的重要条件。人们为避免长期处于阳光下，更需要水和树木。树木的蒸发使人感到凉爽，树木的光合作用使人感到清新，因此，自然环境的制约形成了其园林的鲜明特色：为减少水的蒸发和渗漏，水渠设计为直线，植物因得水而顺其布置，决定了园林形式为规则式；园林植物多为便于存活的无花果、枣、葡萄等果树；古埃及人崇尚稳定、规则，认为所有的建筑都应像金字塔一样，用最少的线条构成最稳定、最崇高的形象。

埃及早在公元前4000年就跨入了奴隶制社会，到公元前28—前23世纪，形成法老政体的中央集权制。法老（即埃及国王）死后都兴建金字塔做王陵，并建基园。金字塔浩大宏伟、壮观，四周布置规则对称的林木，笔直的中轴祭道控制两侧均衡，塔前有广场，与正门对应，营造庄严肃穆的气氛。其次，古埃及园林主要为奴隶主的私园。由于环境制约，私园规则而简单，庭院形式为方形，为对称几何式，表现其直线美及线条美；私园周围有垣，内有果树、菜地和各种观赏树木及花草，除了生活实用，还具有观赏和游憩的性质。这些私园把绿荫和湿润的小气候作为追求的主要目标，把树木和水池作为主要内容。他们在园中栽植许多树木或藤本棚架植物，搭配鲜花美草，还在园中挖池塘和水渠，利用尼罗河的水进行人工灌溉，庭院中心也设置水池，甚至可行舟供其享乐。

2.古巴比伦和波斯园林

位于西亚的幼发拉底河和底格里斯河齐汇美索不达米亚平原向南注入波斯湾。美索不达米亚平原早在公元前3500年时就已经出现了高度发达的古代文明，形成了很多奴隶制度的国家和城市。奴隶主们为了追求享乐，在私宅附近的谷底平原上建造花园引水注园。花园内修筑水池水渠，道路纵横，花草树木繁茂，十分整齐美观。

公元前2世纪，古巴比伦走向衰落，波斯园林出现，开始成为西亚园林的中心。波斯在公元前6世纪时兴起于伊朗西部高原，建立波斯奴隶制帝国。波斯文化非常深厚，影响十分深远。王公贵族常以狩猎生活为娱乐方式，后来又选地造圈，圈养许多动物作为游猎园囿，并逐渐发展成游乐性质的游乐园。波斯地区名花异卉资源向来丰富，人们对其繁育应用也较早，在游乐园里除树木外，尽量种植花草。早期的“天堂园”，四面围墙，园内开出纵横“十”字形的道路构成轴线，分割出4块绿地栽种花草树木。道路交叉点修筑中心水池，象征天堂，因此称为“天堂园”。波斯地区多为高原，雨水稀少，高温干旱，水被看成是庭园的生命，所以西亚一带造园必有水。在园中对水的利用更加着意进行艺术加工，因此各式的水法创作也就应运而生。波斯园林对印度及西班牙园林艺术都产生了较大的影响。

第二节 景观与景观设计

一、景观的含义

不同专业、不同学者对景观有着不同的看法。哈佛大学景观设计学博士、北京大学俞孔坚教授从景观的艺术性、科学性、场所性及符号性入手，揭示了景观的多层含义。

（一）景观的视觉美含义

如果从视觉这一层面来看，景观是视觉审美的对象，同时，它传达人的审美态度，反映特定的社会背景。景观是视觉美的感知对象，因此，那些特具形式美感的事物往往能引起人的视觉共鸣。如17世纪在法国建造的凡尔赛宫。它基于透视学，遵循严格的比例关系，是几何的、规则的，这是路易十四及其贵族们的审美态度和标准。而中国的古代帝王和士大夫以另一种标准——“虽由人作，宛自天开”来建造园林，它表达出封建帝王们对自然的占有欲望。

（二）景观作为栖居场所的含义

从哲学家海德格尔的栖居概念我们得知：栖居的过程实际上是人与自然、人与人相互作用，以取得和谐的过程。因此，作为栖居场所的景观，是人与自然、人与人的关系在大地上的反映。

如湘西侗寨，俨然一片世外桃源，它是人与这片大地的自然山水环境，以及人与人之间经过长期的相互作用过程而形成的。要深刻地理解景观，一定要解读其作为内在人的生活场所的含义。首先来认识场所。场所由空间的形式及空间内的物质元素这两部分构成，这可以说是场所的物理属性。因此，场所的特色是由空间的形式特色及空间内物质元素的特色所决定的。

内在人和外在人对待场所是不一样的。从外在人的角度来看，它是景观的印象；如果从生活在场所中的内在人的角度来看，他们的生活场所表达的是他们的一种环境理想。场所具有定位和认同两大功能。定位就是找出在场所中的位置，如果空间的形式特色鲜明，物质元素也很有特色和个性，那么它的定位功能就强。认同就是使自己归属于某一场所，只有当你适应场所的特征，与场所中的其他人取得和谐，你才能产生场所归属感、认同感，否则便会无所适从。场所是随着时间而变化的，也就是说场所具有时间性。它主要有两方面的影响因素：一是自然力的影响，例如，四季的更替、昼夜的变化、光照、风向、云雨雾雪露等气候条件；二是人通过技术而进行的有意识的改造活动。

（三）景观作为生态系统的含义

从生态学的角度来看，在一个景观系统中，至少存在着五层生态关系：①景观与外部系统的关系；②景观内部各元素之间的生态关系；③景观单元内部的结构与功能的关系；④生态关系存在于生命与环境之间；⑤生态关系存在于人类与其环境之间的物质、营养及能量的关系中。

（四）景观作为符号的含义

从符号学的角度来看，景观具有符号的含义。符号学是由西方语言学发展起来的一门学科，是一种分析的科学。现代的符号学研究最早是在20世纪初由瑞士语言学家索绪尔、美国哲学家和实用主义哲学创始人皮尔斯提出的。1969年，在巴黎成立了国际符号学联盟，从此符号学成为心理、哲学、艺术、建筑、城市等领域的重要主题。符号包括符号本体和符号所指。符号本体指的是充当符号的这个物体，通常用形态、色彩、大小、比例、质感等来描述；而符号所指讲的是符号所传达出来的意义。

景观同文字语言一样，也可以用来说、读和书写，它借助的符号跟文字符号不同，而是植物、水体、地形、景观建筑、雕塑和小品、山石这些实体符号，再通过对这些符号单体的组合，结合这些符号所传达的意义来组成一个更大的符号系统，这样便构成了“句子”“文章”和充满意味的“书”。

二、现代景观设计的产生及发展

（一）现代景观设计产生的历史背景

现代景观是指土地及土地上的空间和物质所构成的综合体，它是复杂的自然过程和人类活动在大地上的烙印。基于以上概念理解，从原始人类的为了生存的实践活动，到农业社会、工业社会所有的更高层次的设计活动，在地球上形成了不同地域、不同风格的景观格局。如有专家提出的农业社会的栽培和驯养生态景观、水利工程景观、村落和城镇景观、防护系统景观、交通系统景观，工业社会的工业景观及其由此带来或衍生的各种景观。

工业化社会之后，工业革命虽然给人类带来了社会的巨大进步，但人们认识的局限，同时将原有的自然景观分割得支离破碎，完全没有考虑生态环境的承受能力，也没有可持续发展的指导思想，因此这直接导致了生态环境的破坏和人们生活质量的下降，以至于人们开始逃离城市，寻求更好的生活环境和生活空间。景观的价值开始逐渐被人们认识和提出，如有意识的景观设计开始酝酿。或者从另外的角度理解，景观设计在不同时期的发展有一条主线：在工业化之前人们为了欣赏、娱乐的目的而进行的景观造园活动，如国内外的各种“园”“圈”，在这样的思路之下，国内外传统的园林学、造园学等产生了；工业化带来的环境问题强化了景观设计的活动，从一定程度上改变了景观设计的主题，这一时期人们由欣赏、娱乐转变为追求更好的生活环境，由此开始形成现代意义上的景观设计，即解决土地综合体复杂的综合问题——土地、人类、城市和土地上的一切生命的安全与健康及可持续发展的问题。现代景观设计产生的历史背景可以归结为以下几个方面：工业化带来的环境污染；与工业化相随的城市化带来的城市拥挤；聚居环境质量恶化。基于工业化带来的种种问题，一些有识之士开始对城市、工业化进行质疑和反思，并寻求解决之道。

（二）现代景观设计学科的发展

在现代景观设计学科的发展及其职业化进程中，美国走在最前列。同时，在全世界范围内，英国的景观设计专业发展得比较早。1932年，英国第一个景观设计课程出现于莱顿大学，后来相当多的大学于20世纪50年代到70年代早期分别设立了景观设计研究生项目。景观设计教育体系业已成熟，其中相当一部分学院在国际上享有声誉。美国景观规划设计专业教育是哈佛大学首创的。从某种意义上讲，哈佛大学的景观设计专业教育史代表了美国景观设计学科的发展史。从1860年到1900年，奥姆斯特德等景观设计师在城市公园绿地、广场、校园、居住区及自然保护地等方面所做的规划设计奠定了景观设计学科的基础，之后其活动领域又扩展到了主题公园和高速路系统的景观设计。纵观国外的景观设计专业教育，人们非常重视多学科的结合，其中包括生态学、土壤学等自然科学，也包括文化人类学、行为心理学等人文科学，最重要的是还必须学习空间设计的基本知识。这种综合性进一步推进了学科发展的多元化。因此，现代景观设计是在工业化、城市化和全球化背景下产生的，是在现代科学与技术的基础上发展起来的。

三、现代景观设计的理论基础

景观设计的主要目的是规划设计出适宜的人居环境，既要考虑到人的行为心理、精神感受，又要考虑到人的视觉审美感受和生理感受，也就是要注重生态环境的构建和保护。因此，景观设计离不开对生态学和人类行为美学等方面的研究。

（一）生态学及景观生态学

1.生态学

1866年，德国科学家海克尔首次将生态学定义为：研究有机体与其周围环境（包括非生物环境和生物环境）相互关系的科学。麦克哈格在《设计结合自然》一书中强调介词“结合”的重要性，他认为，一个人性化的城市设计必须表达人类与其他生命的“合作与伙伴关系”，应充分利用自然提供的潜力。而麦克哈格认为设计的目的只有两个，即“生存与成功”，应以生态学的视角去重新发掘我们日常生活场所的内在品质和特征。作为环境与生态理论发展史上重要的代表人物，麦克哈格把土壤学、气象学、地质学和资源学等学科综合起来，并应用到景观规划中，提出了“设计遵从自然”的生态规划模式。这一模式突出各项土地利用的生态适宜性和自然资源的固有属性，重视人类对自然的影响，强调人类、生物和环境之间的伙伴关系。这个生态模式对后来的生态规划影响很大，成为20世纪70年代以来生态规划的一个基本思路。

2.景观生态学

1969年，克罗率先提出景观的规划设计应注重“创造性保护”工作，即既要最佳组织调配地域内的有限资源，又要保护该地域内的美景和生态自然，这标志着“景观生态学”理论的诞生。景观生态学强调景观空间格局对区域生态环境的影响与控制，并试图通过格局的改变来维持景观功能流的健康与安全，从而把景观客体看作一个生态系统来设计。

按照德国学者福尔曼和戈德罗恩的观点，景观生态学的研究重点在于：景观要素或生态系统的分布格局；这些景观要素中的动物、植物、能量、矿质养分和水分的流动；景观镶嵌体随时间的动态变化。他们引入了三个基本的景观要素——斑块、廊道和基质，用来描述景观的空间格局。进入20世纪80年代，遥感技术、地理信息系统和计算机辅助制图技术的广泛应用，为景观生态规划的进一步发展提供了有力工具，使景观规划逐渐走向系统化和实用化。1995年，哈佛大学著名景观生态学家福尔曼强调景观格局对过程的控制和影响作用，通过格局的改变来维持景观功能、物质流和能量流的安全，这表明景观的生态规划已经开始从静态格局向动态格局转变。

（二）环境行为心理学

环境行为心理学兴起于20世纪60年代，经过20余年的研究与实践的积累之后，至20世纪80年代逐渐成熟。环境行为心理学开始以研究“环境对人行为的影响”为重点，后来发展为研究“人的行为与构造和自然环境之间相互关系”的交叉学科。环境行为心理学的研究主要集中在以下几方面：

（1）环境对人心理和行为的影响，包括特定环境下公共与私密行为的方式、特征，安全感、舒适感等各种生理和心理需求的实现及如何获得一种有意义的行为环境等。

（2）环境因素对人生活质量的影响，涉及拥挤、噪声、气温、空气污染等。

（3）人的行为对周围环境与生态系统的影响，涉及环保行为和环境保护的心理学研究。

此外，在环境行为学科下属还有一个场所结构分析理论，是研究城市环境中社会文化内涵和人性化特征的理论。它以现代社会生活和人为根本出发点，注重并寻求人与环境有机共存。这个理论认为城市设计思想首先应强调一种以人为核心的人际结合、聚落的必要性，设计必须以人的行为方式为基础，城市形态必须从生活本身结构发展而来。与功能派大师注重建筑与环境关系不同，该理论关心的是人与环境的关系。

（三）景观美学理论

不同的学者有不同的美学理论，对美有不同的阐释，柏拉图认为“美是理式”，亚里士多德认为“美是秩序、匀称和明确”，黑格尔认为“美是理念的感性显现”，蔡仪认为“美是典型”，朱光潜认为“美是主客观的统一”，李泽厚认为“美是自由的形式”，等等。王长俊先生的景观美学理论认为：景观是立体的多维的存在，要求审美主体从各个不同形象、不同侧面、不同层次之间的内在联系系统中，从不同层面相互作用的折射中，去探索和挖掘景观的美学意蕴。其将景观美看作是一种人类价值，但并不是一种超历史的、凝固不变的价值，它总是要随着历史的演进，随着人类关于经济、政治、文化乃至所有领域的追求而演进，只有从历史学的角度，才有可能把握景观美的本质。

（四）可持续发展观念

“可持续发展”是20世纪80年代提出的一个新概念。1987年世界环境与发展委员会在《我们共同的未来》报告中第一次阐述了可持续发展的概念，得到了国际社会的广泛认同。指在不危及后代、满足其需要的前提下，满足当代人的现实需要的一种发展。其基本原则是寻求经济、社会、人口、资源和环境等系统的平衡与协调。在城市化迅速发展的今天，为保证城市健康持续发展指明了道路。

四、现代景观设计的原则

根据同济大学刘滨谊教授的观点，从国际景观规划设计理论与实践的发展来看，现代景观规划设计有三个层面上的原则。

（1）视觉感受层面

要从人的视觉形象感受出发，根据美学规律去创造赏心悦目的景观形象。

（2）生态环境层面

要从生态环境的角度出发，在对地形、动植物、水体、光照、气候等自然资源调查、分析、评估的基础上，遵照自然规律，利用各种自然物体和人工材料，去规划设计、保护令人舒适的物质环境。

（3）行为心理、精神感受、文化历史层面

要从人的行为心理、精神感受，以及潜在于环境中与人们精神生活息息相关的历史文化、风土人情、风俗习惯等出发，利用心理、文化的引导，去创造符合人的行为心理，能满足人精神感受的景观。

第三节　园林景观艺术的特点及属性

一、园林景观艺术的特点

园林景观艺术在我国的历史源远流长，是伴随着诗歌、绘画艺术而发展的，具有诗情画意的内涵，我国人民又有着崇尚自然、热爱山水的传统风尚，所以又具有师法自然的艺术特征。它通过典型形象反映现实、表达作者的思想感情和审美情趣，并以其特有的艺术魅力影响人们的情绪、陶冶人们的情操、提高人们的文化素养。园林景观艺术是对环境加以艺术处理的理论与技巧，是一种艺术形象与物质环境的结合，因而园林景观艺术有其自身的特点。

（一）园林景观艺术是与科学相结合的艺术

园林景观是设计与功能相结合的艺术形式，所以在规划设计时，首先要求综合考虑其多种功能，对服务对象、环境容量、地形、地貌、土壤、水源及其周围的环境等进行周密地调查研究，方能着手规划设计。园林建筑、道路、桥梁、挖湖堆山、给排水工程及照明系统等都必须严格按工程技术要求去设计、施工才能保证工程质量。植物因其种类不同，其生态习性、生长发育规律及群落演替过程等各异，只有按其习性因地制宜适地适树地予以利用，加上科学管理，植物才能达到生长健壮和枝繁叶茂的效果，这是植物造景艺术的基础。综上所述，一个优秀的园林景观，从规划设计、施工到养护管理，无一不是依靠科学，只有依靠科学，园林景观艺术才能尽善尽美。因而说园林景观艺术是与科学相结合的艺术。

（二）园林景观艺术是有生命的艺术

构成园林景观的主要要素是植物。利用植物的形态、色彩和芳香等作为造景艺术的主题，并结合植物的季节变化构成绚丽的园林景观。植物是有生命的，因而园林景观艺术也具有了生命的特征，它不像绘画与雕塑艺术那样追求抓住瞬间形象的凝固不变，而是随岁月流逝，不断变化着自身的形体及因植物间相互消长而不断变化着园林景观空间的艺术形象，因而园林景观艺术是有生命的艺术。

（三）园林景观艺术是与功能相结合的艺术

在考虑园林景观艺术性的同时，要顾及其环境效益、社会效益和经济效益等各方面的因素要求，做到艺术性与功能性的高度统一。

（四）园林景观艺术是融多种艺术于一体的综合艺术

园林景观是融文学、绘画、建筑、雕塑、书法、工艺美术等艺术门类于自然的一种独特艺术形式。它们为了充分体现园林的艺术性而在各自的位置上发挥着作用。各门艺术形式的综合，必须彼此互相渗透与交融，形成一个既适于新的条件，又能够统辖全局的总的艺术规则，从而体现出综合艺术的本质特征。

从上面列举的四个特点可以看出，园林景观艺术不是任何一种艺术都可以替代的，任何一位大师都不能单独完美地完成造园任务。有人说造园家如同乐队指挥或戏剧的导演，他不一定是个高明的演奏家或演员，但他是一个乐队的灵魂、戏剧的统帅；他不一定是一个高明的画家、诗人或建筑师等，但他能运用造园艺术原理及其他各种艺术的和科学的知识统筹规划，把各个艺术角色安排在相对适宜的位置，使之互相协调，从而提高其整体艺术水平。

因此，园林艺术设计效果的实现，是要靠多方面的艺术人才和工程技术人员，通力协作才能完成的。园林景观艺术的上述特征，决定了这门艺术反映现实和反作用于现实的特殊性。一般来说，园林艺术不反映生活和自然中丑的东西，而反映的自然形象是经过提炼的、令人心旷神怡的部分。

古典园林中的景物，尽管在思想上有虚假的自我标榜和封建意识的反映，但它的艺术形象通过愉悦感官，能引起心理和情绪上的美感和喜悦，正所谓“始于悦目、夺目而归于动心”。大自然没有阶级性，自然美的艺术表现会引起不同阶级共同的美感。

由于园林景观艺术虽然能表现一定的思想主题，但其在反映现实方面较模糊，不可能具体地说明事物，因此它的思想教育作用远不能和小说、戏剧、电影相比，但它能给人以积极情绪上的感染和精神与文化上的陶冶作用，有利于身心健康和精神文明建设。

上述特点，决定了园林景观设计的思想内容和表现形式互相适应的幅度较大。同样一种形式，可容纳较广泛的思想内容。如中国的传统园林既包含玄学，又可容纳文人和士大夫的思想意识。自然山水园林形式既可表现帝王或封建文人思想主题，又可为社会主义精神文明建设服务。但是这并不意味着它不反映社会现实，也不意味着它的形式和内容可以脱节。

园林景观艺术形式是在特定历史条件下政治、经济、文化及科学技术的产物，它必然带有那个时代的精神风貌和审美情趣等。今天，无论是我国的社会制度，还是时代潮流，都发生了根本的变化。生产关系和政治制度的巨大变革及新的生产力极大地推动了社会进步与文明发展，带来了人们生活方式、心理特征、审美情趣和思想感情的深刻变化。它一定和旧的园林景观艺术形式发生矛盾，一种适应社会主义新时代的园林艺术形式，必将在实践中发展并完善起来。

总之，园林景观艺术主要研究园林创作的艺术理论。其中包括园林景观艺术作品的内容和形式、园林景观设计的艺术构思和总体布局、园景创造的各种手法、形式美构图的各种原理在园林中的运用等。

二、园林景观艺术美及其属性

（一）园林景观艺术美的概念

所谓园林景观艺术美是指应用天然形态的物质材料，依照美的规律来改造、改善或创造环境，使之更自然、更美丽、更符合时代社会审美要求的一种艺术创造活动。艺术是生活的反映，生活是艺术的源泉。这决定了园林景观艺术有其明显的客观性。从某种意义上说，园林景观艺术美是一种自然与人工、现实与艺术相结合的，融哲学、心理学、伦理学、文学、美术、音乐等于一体的综合性艺术美。

园林景观艺术美源于自然美，又高于自然美。正如歌德所说："既是自然的，又是超自然的。"园林景观艺术是一种实用与审美相结合的艺术，其审美功能往往超过了它的实用功能，目的大多是以游赏为主。园林景观美具有诸多方面的特征，大致归纳如下：园林景观美从其内容与形式统一的风格上，反映出时代民族的特性，从而使园林景观艺术美呈现出多样性；园林景观美不仅包括树石、山水、花草、亭榭等物质因素，还包括人文、历史、文化等社会因素，是一种高级的综合性的艺术美；园林景观艺术审美具有阶段性。总之，园林景观艺术美处处存在。正如罗丹所说，世界上"美是到处都有的，对于我们的眼睛，不是缺少美，而是缺少发现"。

（二）园林景观艺术美的来源

1.园林景观艺术美来自发现与观察

世界是美的，美到处都存在着，生活也是美的，它和真与善的结合是人类社会努力寻求的目标。这些丰富的美的内容，始终等待我们去发现。宗白华先生说："如果在你的心中找不到美，那么，你就没有地方可以发现美的踪迹。"自然美是客观存在的，不以人的意志为转移，这个客观存在只有引起自己的美感，才有兴致进行模仿或再现，最后才有可能引起别人的美感，因此主观上找到并发现美是十分重要的因素。发现园林景观艺术美，首先要认识那些组成园林景观艺术美的内容，科学地分析它的结构、形象、组成部分和时间的变化等，从中得到丰富的启示。越是深入地认识，越是忘我，就越能从中得到真实的美感，这也是不断地从实践中收获美感的过程。属于园林景观艺术美的内容有以下几部分：

（1）植物

植物是构成园林景观艺术美的主要角色，它的种类繁多，有木本的，有草本的，木本中又有观花的、观叶的、观果的、观枝干的各种乔木和灌木，草本中有大量的花卉和草坪植物。一年四季呈现出各种奇丽的色彩和香味，表现出各种体形和线条。植物美的贡献是享用不尽的。

（2）动物

动物有驯兽、鸣禽、飞蝶、游鱼、报春莺、知秋归雁、唤雨鸠、嘶风马等，它们穿插于安静的大自然中，为自然界增添了生气。

（3）建筑

古代帝王园林、私家园林和寺观园林，建筑物占了很大比重，其中类别很多，变化丰富，积累着我国建筑的传统艺术及地方风格，独具匠心，并在世界上享有盛名。如古为今用，虽然现代景观设计中建筑的比重需要大量地减少，但对各式建筑的单体仍要仔细观察和研究它的功能，如艺术效果，位置、比例关系，与四周自然美的结合，等等。近代园林建筑也如雨后春笋出现在许多城市园林景观设计中，今后如何古为今用或推陈出新，亟待我们去深入地研究。

（4）山水

自然界的山峦、峭壁、悬崖、涧壑、坡矶，成峰成岭，有坎有坦，变化万千。园林景观设计师要“胸中有丘壑，刻意模仿自然山水才有可能”；《园冶》中提出“有真为假，做假成真”，所以必须熟悉大自然的真山真水，认真观察才能重现这个天然之趣。水面或称水体，自然界大到江河湖海，小至池沼溪涧都是美的来源，是园林景观设计中不可或缺的内容。《园冶》中指出“疏源之去由，察水之来历”，园林景观设计师要“疏”要“察”，了解水体的造型和水源的情况，造假如真才能得到水的园林景观艺术美。同时水生植物、鱼类的饲养都会使水体更具生气。

实际上园林景观艺术美的内容远不止以上四方面内容。正如王羲之在《兰亭集序》中所云：“仰观宇宙之大，俯察品类之盛，所以游目骋怀，足以极视听之娱，信可乐也。”他的“仰观”与“俯察”是在宇宙和品类中发现与观察到视听的美感所在，他找到了，故而随之得到了审美的乐趣，感到“信可乐也”。

2.园林景观艺术美是在观察后的认识

园林景观艺术美的内容充满了对自然物的利用，只有将科学与艺术相结合，才能达到较高的艺术效果并创造出美的境界，这正是园林景观艺术与其他艺术迥然不同的地方。科学实践可以帮助人们发现自然美的真与善，例如，牡丹和芍药本是药用植物，现在是人们喜爱的观赏植物；番茄和马铃薯，本是观花赏果的观赏植物，也成为人类的重要食品。世界上几十万种高等植物，如果没有科学的发现和引种培育，怎会有今天的缤纷世界？科学帮助我们认识自然规律，也帮助我们理解一些很普通的自然现象。前人有许多观察与认识的经验，他们虽然不一定是科学家，但是对于自然界的观察精心而细致。画家的观察要“潜移默化”记在心里加以融合之后才能“绘形如生”（刘勰），甚至“与造化争神奇”（黄子久）也是超越自然美的表现。至于园林家的观察与认识要比诗人和画家更广泛、细致，也更为科学，“目寄心期”成为再现自然的依据。事物往往是相辅相成或相反相成的，园林景观艺术美能够引人入胜，很多是在相形之下产生相异的结果，所以要认识大自然中虚与实、动与静、明与暗、大与小、孤与群、寒与暑、形与神、远与近、繁与简、俯与仰……十分复杂的变化和差异，体会玩味个中奥妙，即所谓“外师造化，拜自然为师”，是十分重要的认识过程。认识以后，园林景观设计师要像其他艺术家那样推敲、提炼、取舍，结合生活与社会，创造出现代人所喜爱的美景。同时决不能搞自然主义，也不能机械地生搬硬套。

3.园林景观艺术美来自创作者所营造的意境

中国美学思想中有一种西方所没有的“意境”之说，它最先是从诗与画的创作而来。什么是意境？本是只可意会不可言传的，有人认为意境是内在的含蓄与外在表现（如诗、画、造园）之间的桥梁，这种解释可以试用在园林景观艺术美的创作中并加以引申。自然是一切美的源泉，是艺术的范本。上面谈了许多发现、观察、认识的过程，最后总要通过设计者与施工管理者的运筹，其中必然存在创作者的主观感受，并在创作的过程中很自然地传达他的心灵与情感，借景传情，创作出物质与精神相结合的美感对象——园林景观风景。这个成品既有创作者个人的情意，又有借这些造园景物表达他情意的境地。这种意与境的结合比诗歌的创作更形象，比绘画创作更富有立体感。园林景观艺术美的“意境”就是这样形成的。

必须说明的是，创作者的意境会不会引起欣赏者相同或相近的意境，这确实是一件很难预料的事，其中有时间和空间的不断变化，也有欣赏者复杂的欣赏水平的体现。当然，自然景物的语言是不具备任何标题的，一切附带着情感的体会都是在自然景物中夹杂了人文的景物，如寺庙、屏联、雕像等，引导欣赏者进入某些既定的标题，这样往往对园林景观艺术美事先就定下了意境的范畴，自然美在这里反而成了次要的配景。真正的园林景观艺术美应当像欣赏“无标题音乐”那样，任由人们的情感在自然美中驰骋和想象。列宁说过：“物质的抽象、自然规律的抽象、价值的抽象以及其他等，一句话，一切科学的抽象，都更深刻、更正确、更完全地反映着自然。”园林景观设计就是为了充分地反映自然，所以需要科学的抽象。

（三）园林景观艺术美的属性表现

园林景观艺术美的表现要素是众多的。如主题形式美、造园意境美、章法韵律美，以及植物、材料、色彩、光、点、线、面等。

1.主题形式美

这种主题的形式美，往往反映了各类不同园林景观艺术的各自特征。园林景观设计主题的形式美渗透着种种社会环境等客观因素，同时也强烈地反映了设计者的表现意图，或象征权威，或具有幽静闲适、典雅等多方面的倾向。主题的形式美与造园者的爱好、智力、包含力、创造力，甚至造园者的人格因素、审美理想、审美素养是有密切联系的。

2.造园意境美

中国古典园林景观的最大特征之一便是意境的创造。园林中的山水、花木、建筑、盆景，都能给人以美的感受。当造园者把自己的情趣意向倾注于园林之中，运用不同材料的色、质、形，统一平衡、和谐、连续、重现、对比、韵律变化等美学规律，剪取自然界的四季、昼夜、光影、虫兽、鸟类等混合成听觉、视觉、嗅觉、触觉等结合的效果，引起人们的共鸣、联想与感动，才产生意境。中国古典园林受诗画影响很大。中国园林景观的意境是按自然山水的内在规律，用写意的方法创造出来的，是“外师造化，中得心源”的结果。

3.章法美韵律

我们说，园林景观是一种“静”的艺术，这是相对其他艺术门类而言的，而园林景观设计中的韵律使园林空间充满了生机勃勃的动势，从而表现出园林景观艺术中生动的章法，表现出园林景观空间内在的自然秩序，反映了自然科学的内在合理性和自然美。

人们喜爱空间，空间因其规模大小及内在秩序的不同而在审美效应上存在着较大的差异。园林景观艺术中一直有“草七分，石三分”的说法，这便是处理韵律的一种手法。组成空间的韵律和章法能赐予园林景观艺术以生气与活跃感，并且可以创造出园林景观的远景、中景和近景，更加深了园林景观艺术内涵的广度和深度。总之，园林景观艺术综合了各种艺术手段，它包括建筑、园艺、雕塑、工艺美术、人文环境等综合艺术。园林景观艺术美的表现要素是多方面的，除以上方面之外，还有以功能为主的园内游泳池、运动场等，供休憩玩赏的草坪、雕塑、凉亭、长椅，等等。只有依照审美法则，按照审美规律去构建，才能达到令人满意的艺术效果。

（四）园林景观艺术美及其属性的创造

人工模仿自然美是一个创造的过程，而不是照抄。英国的纽拜提到过：“世界上发生了可观的人为变化，现在的风景基本上都是人造的了。”这句话指英国土地的狭窄情况。诚然如此，中国的旧城改造、公共绿地紧张的现状导致了大部分的人造风景，所以园林景观艺术美的创造也就成为城市建设的当务之急。

1.地形变化创造的园林景观艺术美

世界造园家都承认，地势起伏可以表现出崇高之美，我国的诗与画论及文学艺术的大量作品中都提到居高远眺的美感，前面提过的《兰亭序》中就有俯仰之间的乐趣。宗白华先生摘录了唐代诗圣杜甫的诗句中带有“俯”字的就有十余处，如“游目俯大江”“曾台俯风渚”“杖藜俯沙渚”“四顾的层巅”“展席俯长流”“江槛俯鸳鸯”等。杜甫在群山巍然的四川，俯瞰的机会很多，所以不乏俯视的感叹。不仅如此，登高之后还有远瞩的美感，在有限中望到无限，心情是十分激动多感的。如“落日登高屿，悠然望远山”（储光羲）等。所以有人说诗人、画家最爱登山，他们的感触不同，登高是借题发挥、抒发意气最好的题材。所以园林景观中提供登山俯仰的条件，一定十分受人欢迎。

有山即有谷，低处的风景也是意趣横生。谷地生态条件好，适于植物繁衍，常有“空谷幽兰”“悬葛垂萝”，这并不夸张。如果有瀑布高悬，更是静谷传声，热闹起来了。如袁牧写的《飞泉亭》一文，就描述了那里的古松、飞泉、休息亭，亭中有人下棋、吟诗、饮茶，同时可以听到水声、棋声、松声、鸟声、吟诗声等，这个山谷的风景是十分耐人寻味的。自然界的高山幽谷在城市附近却十分少有。为了创造具有这种情趣的山景，人工造山自古有之，2000多年前袁广汉就堆置石山，历代帝王都嗜爱堆山，画家论山的文章也很多。例如，“主峰最宜高耸，客山须是奔趋”“测山川之形势，度地土之广远，审峰嶂之疏密，识云烟之蒙昧”“结岭挑之土堆，高低观之多致”等，画山与堆山道理有些相近，值得园林景观设计师借鉴。关于园林中是否适宜堆山，造园家李渔认为，“盈亩累丈的山，如果堆得跟真山无异，是十分少见的”，他还说：“幽斋磊石，原非得已。不能致身岩下，与木石居，故以一卷代山，一勺代水，所谓无聊之极思也。”《园冶》中也说：“园中掇山，非士大夫好事者不为也。”这两位古代造园的名家对园中造山均持有异议，地形美虽是增加园林景观艺术美的途径，但堆置得满意的并不多见，所以得失如何是要慎重考虑的。既然如此，造山增加园林景观艺术美的途径，最好是利用真山，既经济又自然。如颐和园即利用原有的瓮山，还有南京雨花台烈士公园清凉山公园、北京香山公园、贵阳黔灵公园、广州越秀公园、黄花岗烈士公园、白云山公园等不少成功的实例。这些公共绿地利用了自然山水，风景秀美而且景观效果良好，同时节约了大量投资。宋徽宗在开封平原上挑土堆山，建造“艮岳”，自南方运来大量的石料及树木以点缀山景，劳民伤财，最后加速了北宋的灭亡。总之，地形有起伏是一种园林景观艺术美，如果能有天然的地形变化当然最为理想，如果人工创造地形美则要慎重考虑。

2.水景创造的园林景观艺术美

水面有大小，名称也很不统一，但都能在园林景观艺术中给人以美感，尤其是水景引起的美感有许多同一性，现归纳说明如下：水面不拘大小和深浅均能产生倒影，与四周的景物毫无保留地相映成趣，倒影为虚境，景物为实境，形成了虚实的对比；平坦的水面与岸边的景物如亭、台、楼、榭等园林建筑，形成了体形、线条、方向的对比；水中可以种植各种水生植物，滋养鱼虾，显出水的生气，欣赏水景的美感可以产生一种“美鱼之情”，想到传说中的“龙宫”“蛟宫”那样一个不可进入的世界，生活和情感形成对比；水的形态变化多样，园林景观艺术中可以充分利用这种多变性增加美感。水景的美是园林景观艺术美中不可少的创造源泉，动赏、静赏皆享用不尽。

中国古典园林景观无论南北，或帝王、或私人都善于利用水景为中心。综观国内大小名园，如颐和园、北京三海、承德避暑山庄等，无不如此，被毁的圆明园及大部分私家园林，几乎都是一泓池水居中或稍偏曲，已成为惯例。水面作为中心景物的手法，在西方造园家看来，恰像西方园林中安排草坪一样，但效果上各自成趣，水面的艺术性与变化性均要胜过草坪。游人如果细观水的动静，结合水边的景物，联系一些水上的活动，确有言传不尽的意趣。例如，一叶扁舟穿行于拱桥的侧影之中，石渚激起的涟漪、鱼儿啃着浮水的莲荷、垂钓者凝视着浮动的浮标、堤上川流不息的车水马龙等，这些动与静交织的画面，如果没有水面是无从欣赏的。

3.植物创造的园林景观艺术美

这些丰富多彩的园林植物创造出园林景观艺术美的多样性，正满足了人类生活与喜好的多样性，因此园林植物与人类生活之间的关系是密不可分的。园林植物对园林景观艺术美的贡献一般为两个步骤，首先是向游人呈现出视觉的美感，其次才是嗅觉的。艺术心理学家认为视觉最容易引起美感，而眼睛对色彩最为敏感，其次是体形和线条等。根据这些情况，赏心悦目的植物，除部分人特殊的癖好之外，其最受欢迎的是色彩动人，其次才是香气宜人，然后才是体形美、线条美等。因此园林植物的栽培与选育者也一直围绕着人们的喜好或嗜好而忙忙碌碌，为满足园林景观艺术美的要求而努力。

中国传统的园林植物配植手法有两个特点；一是种类不多，内容都是人们传统喜爱的植物；二是古朴淡雅，追求画意色彩偏宁静。这类的植物景观，在古代的诗、画、园中屡见不鲜。至于传统的配植手法有两种。一种是整齐对称的。中国“丽”字的繁体是两个“鹿”并列，证明我国古代的审美观念相当重视整齐排比的形式。古园林中也有实例，如殿堂、陵墓、官员的住宅门口，大都是成对成行列植的，用银杏、桧柏、槐树、榉树等，以此来表示庄严肃穆。另一种配植方法是采取自然式的，这是古典园林中最常见、流行最广的方式。

古典园林的植物美是这样体现的：保留自然滋长的野生植物，形成颇有野趣而古朴的“杂树参天和草木掩映”之容；成片林植，具有郁郁苍苍的林相，竹林、松林比较常用，其他高大乔木选山坡、山谷单种成片，形成“崇山茂林之幽”；果树则选既可以食果又可以赏花的如桃、李、杏、梅、石榴之类栽于堂前，或成片绕屋，有蹊径可通最有意趣，所谓“桃李成蹊”之貌；园内四周种藤本植物，如紫藤、蔷薇、薜荔、木香等种类，形成“围墙隐约于萝间”的景色，更为自然；水池边上种柳，浅水处种芦苇、鸢尾、菖蒲之类，湿地种木芙蓉，有“柳暗花明”之趣；庭院需庇荫，常点缀落叶大乔木，数量不需多，形成“槐荫当庭”“梧荫匝地”的庭荫。廊边、窗前种芭蕉或棕竹，室内会觉得青翠幽雅；花台高于地面，设在堂前对面的影壁之下，或沿山脚，其中种些年年有花果可赏的多年生植物，如牡丹、芍药、玉簪、百合、晚香玉、兰花、绣墩草（又称书带草）、南天竹、鸢尾之类，与园主人的生活比较接近，形成“对景莳花”之乐。

以上概括地列出一些习以为常的布置方式，而且这些实景如今在江南古典园林中还可以寻到踪迹。由于近年引种一些进口花卉或雪松之类，古朴自然的景色有的已经不复存在了。总之，园林景观艺术美以发挥植物美为主的做法，是目前该行业在全世界的发展趋势。欧洲在文艺复兴以后这二三百年中已经放弃表现大量的人工美而趋向自然美，东方则是崇尚自然美的发源地，所以欧洲大陆乃至美洲各国都流行自然式的树林草地，植物美的艺术形式非常突出，这个趋势的发展肯定会符合经济大发展中我国广大人民的需要。

4.园林景观艺术美之园林景观建筑的体现

中国的园林景观建筑从未央宫、阿房宫那个时代起就受到封建统治阶级的重视，此后历代王朝从未消减。园林景观建筑的美根据宗白华先生的分析，具备"飞动之美"。《诗经》上也曾提过"如跂斯翼"和"如翚斯飞"，意思是说建筑像野鸡（翚）飞起来一样美。如今江南园林景观建筑仍旧飞檐如翼，静势中体现着动势之感，这是早有历史了。北方的亭台因冬春风力太大，飞势稍差一些，总之不论南北，园林景观建筑看起来都显得轻快、飘逸，有动势的美。

古典园林景观建筑的种类形式繁多，其中以亭的变化最丰富，使用也最广泛。"亭者，停也"，本是供休息用的，但在园景景观中逐渐成为点缀品而被欣赏，在性质上由实用变为雕镂彩画的艺术品，这种人工美在园林中显然与自然美形成了对立的属性。古典园林景观在帝王与私人的需求之下，紧密地结合着他们的生活、朝政、游宴等，在建筑的比重上，随他们的需要而任意增添，因此建筑充斥而自然美无从发展。如亭榭的位置就有水边、水中、山腰、山顶、林间、路角、桥上、廊间、依墙等，到处设计了建筑，以至《园冶》中也无法归纳而不得不承认这个事实："安亭有式，基立无凭""宜亭斯亭""宜榭斯榭"，就是说到处都可以建，数量之多令人难以赞许。当时的客观条件与主观需要显然存在着矛盾，江南一带的古典园林景观均建在城池之内，在有限的空间内发展大量的景观建筑，局促的情况可以想象到。时到今日如果倍加赞赏，以江南园林的情况来断言"建筑是园林的主角"，是失去时代背景、失去客观分析的论点。

综上所述，讨论园林景观艺术美及其属性，首先需要了解园林景观艺术在我国现实情况下的意义，尤其是其社会性和群众性是我国新园林景观艺术的特点。园林景观艺术首先需要发现与观察，观察的目标是园林景观艺术美的4个主要内容，即植物、动物、山水和建筑。观察要重视科学，拜自然为师。熟悉这些内容之后，还要摸索意境，从古诗中品味诗情，从山水画中觅求画意，从名山大川的游览中索取素材，为当代园林景观艺术找寻美的来源。园林景观艺术美的创造，来自四方面：地形的变化、水景的真意、植物的传统喜好与主角作用的发挥，建筑为园林景观服务。江南古典园林景观中建筑过分拥塞，对此应有正确的分析与认识。城市园林的远景，在经济大发展的形势下，需要善于利用山、水、植物和建筑创造出园林景观艺术美，开朗、淡雅、朴实，充满自然美的园林景观，才符合广大人民的需要。

第二章　园林景观工程施工管理

第一节　园林工程管理概述

一、园林工程施工管理与时俱进的重要性

目前，随着我国园林工程设计和施工水平的不断提高，施工企业的不断发展壮大，市场竞争也越来越激烈，要想在激烈的市场竞争中求生存求发展，就必须提供优质、合理低价、工期短、工艺新的园林工程产品，从而与时俱进。但是，要生产一个品质优良的园林工程产品，除合理的设计、工艺、施工技术水平、材料供应等外，还要靠科学有效的施工现场作为前提。我们知道，施工现场管理水平的好坏取决于随机应变能力、现场组织能力、科学的人财物配置及市场竞争能力。实际上，园林工程在开始建设以前，就已经审查了建设企业的资质与条件。同时，还对施工企业的技术管理水平进行了考察对比。这样做的目的主要是看企业能否保证园林工程的施工质量和履约能力如何。

现场施工管理是园林工程施工在施工中对上述各投入要素的综合运用和发挥过程，所以，控制管理在园林施工中具有十分重要的地位和作用。要想扩大市场竞争能力，必须首先着力抓好施工现场管理，与时俱进。只有搞好了园林工程施工现场的管理，才能提高施工质量、节约成本，提升企业的竞争能力，不断开拓新的市场。

二、园林工程施工管理的内容与作用

（一）从施工流程看园林施工管理内容

1.工程施工前准备

施工人员应详细了解工程设计方案，以便掌握其设计意图，并到现场进行确认考察，为编制施工组织设计提供各项依据；据设计图纸对现场进行核对，并依此编制出施工组织设计，包括施工进度、施工部署、施工质量计划等；认真做好场地平整、定点放线、给排水工程等前期工作。同时，做好物质和劳动组织准备。园林建设工程物资准备工作内容包括土建材料准备、绿化材料准备、构（配）件和制品加工准备、园林施工机具准备等。此外，劳动组织包括管理人员、有实际经验的专业人员及各种有熟练技术的技术工人。

2.工程施工管理

对园林绿化工程施工项目进行质量控制就是为了确保达到合同、规范所规定的质量标准，一系列的检测手段和方法及监控措施的实施，使其在进行园林绿化工程施工中得以落实。

（1）工艺及材料控制

施工过程严格按绿化种植施工工艺完成，施工过程中的施工工艺和施工方法是构成工程质量的基础。如果投入材料的质量不符合要求，工程质量也就达不到相应的标准和要求，因此严格控制投入材料的质量是确保工程质量的前提，对投入材料从组织货源到使用认证，要做到层层把关。

（2）技术及人员控制

对施工过程中所采用的施工方案要进行充分论证，做到施工方法先进、技术合理、安全文明施工。施工人员必须有一定的功底和园林建设的基础、专业水准，才能对设计图纸上复杂的多维空间进行组景和对植物的定位、姿态、朝向、大小及种类进行搭配，对施工图纸的设计理念要有所感悟和配合，调整与创造最佳的工程作品。应牢牢树立“质量第一，安全第一”的思想，贯彻以预防为主的方针，认真负责地做好本职工作，以优秀的工作质量来创造优质的园林绿化工程质量。

（3）工程质量检验评定控制

做好分项工程质量检验评定工作，园林绿化工程分项工程质量等级是分部工程、单位工程质量等级评定的基础。在进行分项工程质量评定时，一定要坚持标准、严格检查，避免出现判断错误，每个分项工程检查验收时均不可降低标准。

（4）工程成本控制

园林绿化施工管理中重要的一项任务就是降低工程造价，也就是对项目进行成本控制。成本控制通常是指在项目成本形成过程中，对生产经营所消耗的能力资源、物质资源和费用开支，进行指导、监督、调节和限制，力求将成本、费用降到最低，以保证成本目标的实现。

3.工程后期养护管理

加强园林绿化工程后期养护管理是园林绿化工程质量管理与控制的保证。园林绿化工程后期养护管理不到位，将严重影响园林绿化工程景观效果，影响工程质量。因此，必须加强园林绿化工程后期养护管理工作，确保工程质量。

（1）硬质景观的成品保护

由于园林景观工程建成后大多实行开放式管理，人流量大，人为破坏严重，因此对成品的保护尤为重要。竣工后，应成立专门的管理机构，建立一整套规章制度，由专人管理，对出现的损坏及时维修。

（2）绿化苗木的养护管理

绿化苗木的养护管理是保持绿化的景观效果、保障园林工程整体施工质量的重要举措。

（二）从工程项目看施工管理内容

工程开工之后，工程管理人员应与技术人员密切合作，共同搞好施工中的管理工作，即工程管理、质量管理、安全管理、成本管理及劳务管理。

1.工程管理

开工后，工程现场行使自主的工程管理。工程速度是工程管理的重要指标，因而应在满足经济施工和质量要求的前提下，求得切实可行的最佳工期。为保证如期完成工程项目，应编制出符合上述要求的施工计划。

2.质量管理

确定施工现场作业标准量，测定和分析这些数据，把相应的数据填入图表中并加以运用，即进行质量管理。有关管理人员及技术人员要正确掌握质量标准，根据质量管理图进行质量检查及生产管理，确保质量稳定。

3.安全管理

在施工现场成立相关的安全管理组织，制订安全管理计划，以便有效实施安全管理。严格按照各工程的操作规范进行操作，并应经常对工人进行安全教育。

4.成本管理

城市园林绿地建设工程是公共事业，必须提高成本意识。成本管理不是追逐利润的手段，利润应是成本管理的结果。

5.劳务管理

劳务管理应包括招聘合同手续、劳动伤害保险、支付工资能力、劳务人员的生活管理等。

（三）管理的作用

园林工程的管理已由过去单一实施阶段的现场管理发展为现阶段综合意义上的对实施阶段所有管理活动的概括与总结。随着社会的发展、科技的进步、经济实力的壮大，人们对园林艺术品的需求也日益增强，而园林艺术品的生产是靠园林工程建设完成的。园林工程施工组织与管理是完成园林工程建设的重要活动，其作用可以概括如下。

（1）园林工程施工组织与管理是园林工程建设计划、设计得以实施的根本保证

任何理想的园林工程项目计划，再先进科学的园林工程设计，其目标成果都必须通过现代园林工程施工组织的科学实施，才能最终得以实现，否则就是一纸空文。

（2）园林工程施工组织与管理是园林工程施工建设水平得以不断提高的实践基础

理论来源于实践，园林工程建设的理论只能来自工程建设实施的实践过程之中，而园林工程施工的管理过程，就是发现并解决施工中存在的问题，总结、提高园林工程建设施工水平的过程。它是不断提高园林工程建设施工理论、技术的基础。

（3）园林工程施工组织与管理是提高园林艺术水平和创造园林艺术精品的主要途径

园林艺术产生、发展和提高的过程，实际上就是园林工程管理不断发展、提高的过程。只有把历代园林艺匠精湛的施工技术和巧妙的手工工艺与现代科学技术结合起来，并对现代园林工程建设施工过程进行有效的管理，才能创造出符合时代要求的现代园林艺术精品。

（4）园林工程施工组织与管理是锻炼、培养现代园林工程建设施工队伍的基础

无论是我国园林工程施工队伍自身发展的要求，还是要为适应经济全球化，努力培养一支新型的能够走出国门、走向世界的现代园林工程建设施工队伍，都离不开园林工程施工的组织和管理。

三、园林施工管理存在的问题与措施

（一）园林工程建设中的问题

1.相关管理人员素质参差不齐

园林工程施工不同于单纯的建筑施工或公路施工，园林工程施工要求从决策者、设计者到施工者、验收者等都必须具备相应的学科知识。但目前我国绝大部分相关管理人员并不具备这些专业知识，以至于在具体施工管理过程中无法做好管理工作。解决这个问题的对策则需要加强园林施工管理队伍的建设、培养、锻炼，与时俱进，引进先进的管理方法和人才。

2.园林施工组织设计不完善

园林工程施工的前期，要对必要投入进行科学合理的规划和利用，这取决于施工组织设计的真实性和有效性。前期施工组织设计如果不准确，既是对整个工程进度、质量的极大不负责任，又必将导致整个施工过程中各环节的衔接不当和工期延误。因此提高对施工组织计划的重视程度，是整个工程项目的纲领。这个问题的解决对策，首先应该确立园林施工组织计划的唯一性，即确保计划是针对某一园林工程专门制订的，应与时俱进，杜绝照抄照搬。其次应对工程项目进行专门的考察，制订符合该项目的施工预算和计划，并对植物的种植时间等进行严格的编排，这样才能有效地促进园林工程的施工进度，保证施工质量。

3.对设计交底和图纸会审工作缺乏重视

一项园林工程的实施及其最终效果如何，完全体现在设计图纸上。只有通过建设单位、设计单位和施工单位严格进行设计交底与图纸会审工作，才能确保设计的可行性与合理性。但目前许多设计单位和建设单位都不重视这方面的工作，因而造成了设计漏洞和园林施工单位因未完全领会设计意图而影响工程进度等情况。针对这个问题，良好的对策是应严格执行园林设计图纸的交底和会审工作。园林设计图纸的好坏直接影响整个园林工程施工的好坏。设计图纸交底和严格会审能够及时发现设计中的缺陷和问题，并在园林施工前及时纠正，避免施工过程中出现更大的损失。

4.园林施工建设队伍结构不合理

目前，我国园林施工建设队伍结构普遍较单一。在多数情况下，园林建设被当成一般的工程建设，虽然有土建方面的人才，但他们对于生物学和美学方面却不甚了解；有些项目在施工中虽然邀请了一些园林方面的专家加入，但是在统一协调方面的工作却做得不够充分，从而造成在管理上缺乏全局意识，出现施工漏洞。解决这个问题要从切实提升园林施工人员的技术水平方面入手。我国的建筑市场施工人员队伍普遍存在着素质低、施工技术水平落后等情况。这需要建设单位严格选择有资质的施工队伍，并且在施工之前针对工程的具体情况进行必要的进场前人员培训，各施工单位在进行人员招聘时也要更加严格，防止滥竽充数的人员混入施工队伍。

（二）加强园林施工管理的措施

1.切实做好施工前准备工作

在掌握设计意图的基础上，根据设计图纸对现场进行核对，编制施工计划书，认真做好场地平整、定点放线、给排水工程等前期工作。

2.严格按设计图纸施工

绿化工程施工就是按设计要求艺术地种植植物并使其成活，设法使植物尽早发挥绿化美化的过程，所以说设计是绿化工程的灵魂，离开了设计，绿化工程的施工将无从入手；如不严格按图施工，将会歪曲整个设计意图，影响绿化、美化效果。施工人员掌握设计意图、与设计单位密切联系、严格按图施工，是保证绿化工程质量的基本前提。

3.加强施工组织设计的应用

根据对施工现场的调查，确定各种需要量，编制施工组织计划，施工时落实施工进度的实施，并根据施工实际情况对进度计划进行适当调整，往往能使工程施工有条不紊，保证工程进度。在工程量大、工期短的重点工程施工上有十分显著的作用，特别是在园林工程上更加有必要加强施工组织设计的应用。施工组织机构需明确工程分几个工程组完成，以及各工程组的所属关系和负责人，注意不要忽略养护组，人员安排要根据施工进度，按时间顺序安排。

4.坚持安全管理原则

在园林施工管理过程中，必须坚持安全与生产同步，管生产必须抓安全，安全寓于生产之中，并对生产发挥促进与保证作用。坚持“四全”（全员、全过程、全方位、全天候）动态管理，安全工作不是少数人和安全机构的事，而是一切与生产有关的人的共同事情，缺乏全员的参与，安全管理不会有生机，效果也不会明显。生产组织者在安全管理中的作用固然重要，全员性参与安全管理也是十分重要的。因此，生产活动中对安全工作必须是全员、全过程、全方位、全天候的动态管理。

5.材料采购环节要严格把关与时俱进采用新型的材料

材料是建设的基础，也是确保工程质量与进度的关键因素。在园林设计施工过程中的材料采购，不仅包括了一般的土建材料和水电材料采购，还包括了园林景观造型材料的采购。如在园林景观塑山施工中，出现的钢、砖骨架存在施工技术难度大、纹理很难逼真、材料自重大、易裂和褪色等缺陷，为了节约成本，我们可采用一种新型的塑山材料——玻璃纤维增强混凝土（GRC），可避免以上缺点。

第二节　园林景观工程施工风险管理

一、园林景观工程施工风险概述

（一）风险定义

风险带来损失的同时也蕴藏着机遇，它是人类历史上长期存在的客观现象。我们可以从不同的角度，对风险进行分析。首先，风险会随内外部环境而变化，同时也会根据每个人的思维及行动方法变化而发生变化。其次，风险也会同事件的目的有关。当人们对预期的目标缺少足够的把握时，就认为这项事件或活动具有风险性。再次，风险也会与未来的事件发生一定的关系，对于已经发生的事情来说，结果已经无法改变，但是对于尚未发生的事件而言，选择不同的方案会有不同的结果，即风险与方案的选择相关联。最后，风险不仅和人们的思想行动方针的选择相关，还和其所处的内外部环境的变化有关。

人们对事件未来的决策同客观不确定性对事件产生的后果，往往会同预期目标有一定的偏离，这些偏离的综合就成为风险。

（二）园林景观工程施工风险及其分类

在工程项目方面，风险是指未达到预期目标的损失或不利后果，或者是项目不确定性给工程项目参与各方带来的损失。风险有不同的分类标准，因而也会有不同的分类结果。根据风险的技术特点可分为技术性风险和非技术性风险。根据建设阶段可分为决策阶段风险、实施阶段风险和项目竣工后风险。根据园林景观工程风险性质可以把其风险分为如下几个类型，具体如下：

1.自然风险

自然风险是指由于自然的不可抗力的作用，工程项目目标不能顺利实现，甚至造成相关人员的伤亡和财产损失等风险，例如，火灾、洪水、地震等。

2.政治风险

政治风险是指政治原因引起国家政局动荡而工程项目参与方发生经济和财产损失的风险。当然，政府对项目不当干预、工程法规的变化等也属于政治风险因素。

3.环境风险

环境风险是在自然灾害等突发性事故和周边环境作用下，对项目实施相应的环境造成的影响。该风险在项目分析中不容忽视。

4.技术性风险

技术性风险是指工程实施方案不完善和工程技术的不确定造成的工程项目目标不能顺利实现的风险事件。技术性风险贯穿于工程项目的全过程。针对园林景观工程来说，主要是指园林绿化工程、园林建筑工程和园林水电工程等方面。

5.经济风险

在项目实施过程中给工程项目带来经济损失的风险事件就是经济风险。经济风险的产生是多方面的，国家宏观政策、投资环境的改变、劳动力市场的波动和原材料的价格波动等。

6.组织风险

组织风险是指项目参与各方相互之间沟通协调不足给项目带来损失的事件。由于园林景观工程自身具有很强的综合性和较大的复杂性，同时还涉及交叉施工，因此园林景观工程的组织关系如果不明确，会很容易造成损失带来风险。

二、园林景观工程施工风险管理概述

（一）园林景观工程施工风险管理概念

风险管理的认识多种多样，随着评价组织和专家的不同而变化。项目的风险管理就是项目的管理组织者，对在工程项目中可能出现或遇到的风险进行识别、评价和估计并提出应对措施，也是运用科学的管理方法给工程项目提供最大保障的实践活动的总称。风险管理的目标主要是处理和控制风险，消除不利影响，减少损失，同时以最低的成本保证项目的顺利实施。成本、质量及工期为主控内容。风险管理可以帮助项目管理者顺利实现项目目标，还可以实现效益的最大化。良好的项目管理可以带来以下好处：认识项目管理重点，在管理中能整体把控；提前识别项目的风险因素；提前识别风险或危险，及时采取补救或预防措施；为其他工程项目提供经验，提高行业项目管理水平。

（二）园林景观工程施工风险管理研究内容

对于风险管理而言，风险技术是实现风险管理的途径和方法，而不同的风险技术可以达到不同的风险控制目标。根据工程项目的三大主要目标，可以将风险技术分为降低成本的风险技术、降低工期延误的风险技术和保证工程质量的风险技术。项目风险管理的方法也非常多，一般采用系统的风险管理方法，这种方法系统性较强，效果较好。系统的风险管理方法主要通过以下各步骤实现：风险识别、风险评估和风险控制。

（三）园林景观工程施工风险识别

风险识别作为风险管理的第一步，主要是通过其找出影响园林景观工程目标实现的主要风险因素。对于风险管理而言，其效果如何，风险识别起着决定性的作用，成功的风险识别能够准确识别出项目的风险因素，再通过风险评估分析，就可以保证风险管理的可信性和适用性，对其后果做出定性估计。因此，风险管理者应该认真对待风险识别。园林景观工程施工风险识别也是这样，因为风险识别会影响风险管理的深度与广度。

1.园林景观工程施工风险识别目的及方法

风险识别要对所研究的工程项目全面了解，包括该工程项目的各个组成部分，然后识别那些对园林景观工程项目带来危害和机遇的风险因素，这也是以后的风险评估和风险应对的基础。风险识别的主要目的如下：

（1）找出园林景观工程项目施工的主要相关方

进行风险识别，就要求项目的管理者对整个工程项目有全面的了解，对不同的岗位人员相应的职责也应该清楚。

（2）提供信息源

为园林景观工程的风险管理研究提供足够的信息，这是风险管理的基础性工作，关系到风险管理的效果和效率。

（3）明确风险组成

风险识别主要是运用调查总结等方法确定出项目所面临的风险因素，让风险管理者能清晰风险要素。

（4）强化项目成员信心

古语有云“知己知彼，百战不殆”，人们往往害怕未知的事情，如果对所应对的事件有所了解，那么人们的信心必将提升，成功率也会增加。

作为风险管理最重要的一步，常见的风险识别方法有：德尔菲法、头脑风暴法、流程图、系统分解法、风险检查表及流程分解法等。风险识别主要是结合园林景观工程项目实际情况，对园林景观项目潜在风险进行相应的判断、分析、归类和鉴定的过程。在进行风险识别的过程中应该注意风险因素的全面性和完善性。

2.园林景观工程施工风险识别方法设计

由于风险管理研究在我国起步较晚，相应的管理研究也相对滞后，同时园林景观工程也是一个新兴的行业，因此不难发现针对园林景观行业的风险管理研究是相当缺乏的，且开展比较困难。园林景观工程目前广泛存在项目管理者不重视、缺乏风险管理意识等特点，这同时带来了风险识别数据收集难、可参考相关项目资料少等问题。

可采用结构分解法（WBS）将园林景观工程的施工风险进行分解，这样就可以使园林景观施工风险识别具有较强的整体性和全面性；接着采用核查表的方法，把采用结构分解法的各个因素进行相关的罗列，从而使施工各个风险因素能尽可能的全面和清晰；最后考虑到结构分解法和核查表法，一方面考虑不够完善，另一方面不具有足够的专业性和深度，因此采用专家调查法，把已经识别的因素表进行汇总，然后向不同技术水平的从业人员或有经验的专家进行问卷调查。

（四）园林景观工程施工风险评估

风险评估指的是通过运用相应的风险技术，对风险项目识别出来的并经过相应分类的风险因素，确定其相应的风险权重，同时根据权重结果进行相应的排序，从而为项目风险管理者能有针对性地管理风险提供科学依据。可以采用“风险度”这一概念，来对风险大小进行衡量。

园林景观工程项目施工风险评估是在园林景观工程项目施工风险识别基础上进一步开展的工作。通过风险识别工作，我们往往只能对园林景观工程施工风险因素进行识别、分类和影响程度判别。而园林景观工程风险评估则是进一步研究风险间相互影响和风险间的转化关系，最终对项目整体做出综合性评价，包括风险影响程度、风险发生概率、风险影响范围及风险发生时间等。

园林景观工程项目施工风险评估主要有以下三个目的。①确定风险序列。进行风险排序主要是通过对园林景观工程施工风险因素发生的概率、影响程度和影响范围进行量化。②确定风险因素间的相互关系。在园林景观工程项目中，影响施工的风险因素之间往往是相互关联的，一个风险的变动有可能会导致其他风险发生连锁反应，从而使项目产生更复杂的变化。③为风险转化提供机会。风险同时具有消极和积极性质，如果能提前认识并采取相应的措施让风险进行积极性转化，就有可能更好地促进项目顺利实施。

（五）园林景观工程施工风险控制

对园林景观工程施工风险进行风险识别及风险评估以后，根据风险评估的结果，对园林景观项目采取有针对性的风险控制措施或手段，减少项目的风险损失，保证园林景观项目的顺利实施。通过以上叙述不难发现，风险控制主要有两大目的，首先是降低风险项目的损失，其次是提高项目风险管理人员对风险的控制能力。风险控制方法介绍如下：

1.园林景观项目风险回避策略

风险回避策略指的是在项目中存在威胁性较大、概率较高、影响较为严重等风险时，很难找到其他措施和手段进行风险转化或消除，只能是主动改变项目目标及其行动计划，或者放弃相应的项目，从而避开风险的策略。风险回避策略在风险处理中颇为常见。在具体地实施风险回避策略时，其往往是以规定的形式出现的，如不做没有预付款的工程项目等。因而在项目中考虑到风险回避时，就应该根据风险因素的严重性和发生的可能性，制定严格的管理办法和工作程序，从而达到规避风险的目的。

2.园林景观项目风险预防策略

风险预防策略是指通过消除风险的威胁，提高风险意识或者减少风险发生的可能性的风险管理策略，具有主动性。风险预防策略有有形和无形两种手段。无形手段指的是采用教育和程序化的管理方法来降低风险。有形手段是具体的工程技术，一般是采用综合的技术手段消除风险。

目前风险管理主要存在的问题是风险管理意识不强，通过教育可以提高项目参与人员的风险意识，从根本上杜绝风险。程序化是对项目工作的标准化和制度化，其很大程度上也可以减少损失。

3.园林景观项目风险减轻策略

风险减轻策略主要是通过缓解风险的不利后果或降低风险发生的概率，最终达到减少风险的目的。该方法主要还是根据风险的性质决定的，即风险是否已知，是否可以预测。其实现方式主要有两种，即损失减少和损失预防，也可以是损失减少和损失预防的综合。在具体的实施中，风险减轻策略主要表现为风险计划，即灾难控制计划、安全预防计划和应急处理计划等，这些计划是降低风险概率和减轻风险后果的保障。

4.园林景观项目风险自留对策

园林景观项目风险自留是财务管理的技术。风险自留策略不同于其他风险策略，风险自留既没有转化风险，又没有降低风险发生的概率和后果，风险导致的损失往往是由项目部承担。风险自留主要分两种。

（1）非计划性风险自留

当项目风险管理人员没有识别出风险或对风险分析不足，从而导致风险出现时缺少应对策略，最终造成非计划的被动的风险自留。实践表明，任何一个大型工程项目的风险管理人员都不可能识别出所有的风险因素，因而导致风险自留的出现。然而，风险自留是需要风险管理人员尽量避免的。

（2）计划性风险自留

该方法指的是在通过风险识别和评估后，对一些风险进行选择性的保留，达到转移相关潜在风险的方法。计划性风险自留往往应该同风险控制相结合。

5.园林景观项目风险转移对策

风险转移指的是通过相应的手段或方法将风险转移到其他项目参与方或组织的方法。风险转移并没有从根本上降低和减轻风险，而是采用一定的方法把风险转移到具有风险承受能力的组织或个人，最终借助第三方实现风险的控制。在很多项目中有很多的风险，风险管理者往往不能完全应对，把有限的精力放在有限的风险控制中去，转移其他风险，这无疑是一个很有效的方法。风险转移目前主要有财务性风险转移和非财务性风险转移两种。

（1）财务性风险转移

财务性风险转移通常有保险类风险转移和非保险类风险转移。前者目前而言在多数招投标项目中被强制执行。对于工程项目而言，主要是通过购买保险公司的相应保险业务，工程项目发生损失时由保险公司提供一定的保险补偿，从而避免损失太大导致工程企业破产。其优点是工程项目参加者提供一定的保险费，当出现风险损失时由保险公司提供相应的补偿。工程保险的种类也非常多，常见的保险有建筑工程一切险、雇主责任险、安装工程一切险、人身意外伤害保险等。财务性非保险类风险转移是通过中介，同担保一样将风险向商业合作伙伴转移。

（2）非财务性风险转移

该方法是通过合同形式，把相应风险转给其他方，从而使相应项目实施方的风险得到转移。风险转移并没有从根本上减轻风险及其可能造成的损失，只是由一方向另一方转移，由另一方来进行相应的风险管理。常见的非财务性风险转移有外包和分包两种。

三、风险识别

针对工程项目中的潜在风险，通过风险管理的方法或手段，并结合相关工程资料和实际经验，获取风险因素的过程就是风险识别。考虑到工程项目的动态性特点，相应的风险识别也动态进行，同时工程项目的风险也会随之发生相应的改变，这就要求风险管理者及时进行风险分析，防止风险识别出现遗漏，导致无法避免的损失。在风险管理中，风险识别是非常重要的一环，其相应的结果也直接决定着风险研究的广度和深度，因此风险管理者应当重视风险识别工作。风险识别的主要对象是潜在的风险，进而使项目的管理者能认识风险，有的放矢，最终减少风险损失，保证项目的梳理实施。

（一）园林景观工程风险识别的原则

1.全面性原则

在风险识别的过程中，风险管理者在全面了解工程实际情况的前提下，找出影响工程项目可能的风险因素，并尽可能地全部罗列出来，从而使项目管理者广泛认识工程风险，为其决策奠定基础，这就是全面性原则。考虑到全面性，针对园林景观工程而言，风险管理者或研究者应该多向经验丰富的专家或专业风险管理机构征求意见，并结合相关的工程资料，对园林景观项目进行全面的分析，最大限度地保证所识别的风险因素的全面性。

2.经济性原则

经济性原则指的是风险管理者对项目投入大小的分配问题，主要的分配原则是风险因素对项目的影响程度。多数情况下，影响较大的风险因素会对项目造成较大的影响，因而也应该对其进行较大的投入。而影响较小的风险因素，则没有必要投入太多。由于工程项目的成本目标很重要，是整个项目甚至企业生存的基础，因而风险管理也应该遵守经济性原则。

3.综合性原则

园林景观工程项目是多专业交叉行业，同时园林景观工程往往是在主体工程完工后开展的，因而园林景观工程项目往往比较复杂，综合性也很强。不同的风险对项目的影响程度和范围也不同，因而要采用不同的识别方法来进行综合识别。所以在园林景观工程的风险分析中，应当坚持综合性原则，从总体上进行综合分析。综合性分析也是全面看待和研究问题的内在需求。

4.动态识别原则

动态识别原则是指园林景观工程是一个动态的过程，随着项目的进行，其中的风险也会不断变化，因此风险识别也应该是动态地进行的。坚持此原则，有助于风险管理者及时发现风险因素，避免遗漏带来的风险损失。

（二）园林景观工程风险识别的依据

园林景观工程风险识别需要对项目进行全面系统的分析，从纵向和横向两个方面进行。项目风险因素的识别往往要从收集相关数据和资料开始，不太成熟的园林景观工程的风险识别就更需要相关的材料，作为风险识别的基础和依据。

1.项目自身环境

在园林景观工程的风险识别过程中，应该从项目自身环境起，对影响项目的因素考虑全面。园林景观工程自身通常具有较为复杂的环境，项目的风险管理者应该结合工程实际情况对风险因素进行综合考虑。

2.组织者的管理经验

项目管理人员对整个项目起着决定性的作用。丰富的经验可以使项目的管理人员能对项目的风险有较深的了解和掌握。考虑到园林景观项目具有高度的复杂性和综合性，管理经验就显得更具有借鉴价值。因此，在园林景观工程施工的风险分析中，应该多向经验丰富的相关管理人员寻求风险识别指导。

3.类似工程施工资料

对工程项目而言，相似的工程资料非常重要，是拟建和在建项目顺利实施的重要保障。通常的工程项目都会包括工程实际情况、工程突发事件应对等详细的资料，通过这些资料，我们可以识别出相应的风险因素甚至是风险的应对措施。

（三）风险识别的过程

园林景观工程的风险识别主要包括收集数据和进行不确定性分析两个步骤。

1.数据收集

园林景观工程是伴随着我国的经济发展和人民生活水平而发展起来的，相对而言，园林景观工程起步较晚且市场不成熟。因而，针对园林景观工程的风险识别应该从收集相关项目的资料和数据开始，并以这些资料和数据为基础，采用相应的风险识别方法来进行进一步的研究分析。园林景观工程的数据资料收集主要包括已建工程的经验数据、园林行业的相关法律法规、拟建项目的具体情况、建设单位情况等。

2.不确定性确认及分析

在进行项目的数据和资料收集后，风险管理者还应对园林景观工程进行不确定性分析。

（1）工程项目环境不确定性分析

对于园林景观工程而言，往往和其他工程进行交叉施工，同时又是以绿化为主，因此应该对园林景观工程项目的环境进行项目的不确定性分析，分析相应的施工风险因素。

（2）构成要素不确定性分析

园林景观工程的实施是一个系统的过程。园林景观工程包括准备阶段、施工阶段、竣工验收阶段，其中施工又包括园林建筑、园林水电和园林绿化等。不同的阶段和不同的专业风险源也具有不同的特点，应结合实际情况进行不确定性分析。

（3）目标不确定性分析

园林景观工程包含有成本、进度和质量等目标，风险管理者应该结合这些目标，对工程中的因素进行纵向的不确定分析。

四、园林景观工程施工风险评估

（一）风险评估的基本概念

风险评估包括风险的估计和评价。该工作是风险管理研究的关键，并对其有极重要的作用。因此，项目的风险管理者或研究者应该重视风险评估工作。

风险估计主要是在已确定的项目指标评价体系之上，对指标体系中的风险事件的发生概率、影响后果和影响范围等进行相关的估计。通常情况下，风险指标体系中的风险因素是整体作用于项目整体的，同单一因素的分析有很大的不同。然而，风险估计仅仅是以风险项目中的单一因素为研究对象，对其概率和损失做出相应地估计，没有考虑项目主体。鉴于此，还应该对拟实施的风险项目进行综合分析，充分考虑各个风险因素对象的整体影响和项目主体的接受程度，这就是项目的风险评价。

园林景观工程施工风险评价指的是在风险识别和风险估计的基础上，建立一个综合风险概率和风险损失的风险评价模型，通过这个评价模型对项目的风险值进行计算，最后结合风险准则和标准，对项目的风险进行综合分析评价，得到相应的评价分析结果。根据评价的结果确定拟实施项目的风险水平，从而为项目的风险应对提供科学依据，促进项目的顺利实施。

（二）园林景观工程施工风险估计

常用的风险估计方法主要有两种，分别是专家模糊估计法和历史经验法。前者是通过运用模糊理论对风险的概率和后果损失进行量化，后者是根据历史资料对风险的概率和后果损失进行量化。

考虑到园林景观工程项目自身的复杂性，如果采用历史经验法凭借类似项目的风险资料对其风险概率和后果进行量化，往往不能真实地反映其风险状态，而模糊理论却可以利用其模糊性，对风险的概率和损失进行量化估计，这样就避免了历史经验法的不足。

1.风险估计程序

风险估计主要有资料与数据收集、模型建立、概率与后果估计和风险排序等步骤。具体如下：

（1）资料与数据收集

风险项目的估计往往是以相关资料为基础的。它们的来源，主要有三方面：首先是相似工程项目经验的整合分析；其次是项目环境分析，主要是针对外部环境；最后是不断地对拟实施或正在实施项目进行动态分析总结。

（2）建立风险估计模型

通过数据和资料收集，结合风险估计模型对项目风险进行分析，得到风险估计结果。风险估计模型有不同的分类方法，常用的是概率模型和损失模型。前者是针对风险发生的概率而言的，研究风险发生的可能性，后者是对风险可能造成的损失进行分析。

（3）估计风险概率及其后果

建立风险估计模型后，运用相应的方法，从风险估计的角度对风险概率和后果进行分析，这是风险估计的主要内容。

（4）风险排序

接着结合分析的具体结果，按照相应的风险等级，对风险指标体系中的风险因素进行风险排序，从而完成项目的风险估计。

2.风险估计的内容

（1）风险概率估计

风险概率估计指的是对风险项目中的风险因素发生的概率进行估计。通常情况下，风险概率是根据历史经验来进行确定的，当风险管理人员无法获取比较全面的资料时，可以通过理论分析来进行。在获得风险的概率值后，对整个项目的风险进行风险统计。

（2）风险损失估计

接着要对这些风险事件的发生对项目造成的影响或损失进行相应的分析，这些风险带来的损失往往会对工程造成较大的影响，如工期延长、成本提高等。

（3）风险影响估计

进行了风险的概率估计和损失估计后，分析风险的影响效果。影响主要有两方面，对工作和利益关系单位的影响，前者是指对现有工作和与现有工作相关的工作的影响，后者是指对业主、施工方、监理方、设计方等的影响。

（4）风险顺序估计

在进行风险影响估计后，基本就可以知道指标体系内各风险因素对项目的影响程度。在进行风险控制时，要按照相应的顺序，一般是在事前控制，这里也应该考虑事后控制。

第三节　园林工程建设的施工管理研究

一、园林工程施工项目及其特点

（一）园林工程施工具有综合性

园林工程具有很强的综合性和广泛性，它不仅仅是简单地建造或者种植，还要在建造过程中，遵循美学特点，对所建工程进行艺术加工，使景观达到一定的美学效果，从而达到陶冶情操的目的。同时，园林工程中因为具有大量的植物景观，所以还要具有园林植物的生长发育规律及生态习性、种植养护技术等方面的知识，这势必要求园林工程人员具有很高的综合能力。

（二）园林工程施工具有复杂性

我国园林大多是建设在城镇或者自然景色较好的山、水之间，而不是广阔的平原地区，所以其建设位置地形复杂多变，因此对园林工程施工提出了更高的要求。在准备期间，一定要重视工程施工现场的科学布置，以便减少工程施工期间对周边居民的影响和成本的浪费。

（三）园林工程施工具有规范性

在园林工程施工中，建设一个普普通通的园林并不难，但是怎样才能建成一个不落俗套，具有游览、观赏和游憩功能，既能改善生活环境又能改善生态环境的精品工程，就成了一个具有挑战性的难题。因此，园林工程施工的工艺总是比一般工程施工的工艺复杂，对于其细节要求也就更加严格。

（四）园林工程施工具有专业性

园林工程的施工内容较普通工程来说要相对复杂，各种工程的专业性很强。不仅园林工程中亭、榭、廊等建筑的内容复杂各异，现代园林工程施工中的各类点缀工艺品也各自具有其不同的专业要求，如常见的假山、置石、水景、园路、栽植播种等工程技术，其专业性也很强。这都需要施工人员具备一定的专业知识和专业技能。

二、园林工程建设的作用

园林工程建设主要通过新建、扩建、改建和重建一些工程项目，特别是新建和扩建，以及与其有关的工作来实现的。园林工程施工是完成园林工程建设的重要活动，其作用可以概括为以下几个方面。

（一）园林工程建设计划和设计得以实施的根本保证

任何理想的园林建设工程项目计划，任何先进科学的园林工程建设设计，均需通过现代园林工程施工企业的科学实施，才能得以实现。

（二）园林工程建设理论水平得以不断提高的坚实基础

一切理论都来自实践，来自最广泛的生产实践活动。园林工程建设的理论自然源于工程建设施工的实践过程。而园林工程施工的实践过程，就是发现施工中的问题并解决这些问题，从而总结和提高园林工程施工水平的过程。

（三）创造园林艺术精品的必经之路

园林艺术的产生、发展和提高的过程，就是园林工程建设水平不断发展和提高的过程。只有把经过学习、研究、发掘的历代园林艺匠的精湛施工技术及巧妙手工工艺，与现代科学技术和管理手段相结合，并在现代园林工程施工中充分发挥施工人员的智慧，才能创造出符合时代要求的现代园林艺术精品。

（四）锻炼、培养现代园林工程建设施工队伍的最好办法

无论是对理论人才，还是施工队伍的培养，都离不开园林工程建设施工的实践锻炼这一基础活动。只有通过实践锻炼，才能培养出作风过硬、技艺精湛的园林工程施工人才和能够达到走出国门要求的施工队伍。也只有力争走出国门，通过国外园林工程施工的实践，才能锻炼和培养出符合各国园林要求的园林工程建设施工队伍。

三、园林施工技术

（一）园林施工要点与内容

1.园林施工要点

中华人民共和国行业标准《城市绿化工程施工及验收规范》以下简称《规范》的颁布，为城市绿化工程施工与验收提供了详细具体的标准。严格按批准的绿化工程设计图纸及有关文件施工，对各项绿化工程的建设全过程实施全面的工程监理和质量控制。

任何工程在施工前都应该做好充分的准备，园林工程施工前的准备主要是熟悉施工图和施工现场。施工图是描述该工程工作内容的具体表现，而施工现场则是基础。因此，熟悉施工图及施工场地是一切工程的开始。熟悉园林施工图要了解如何施工而且领悟设计者的意图及想达到的目的；熟悉园林施工图可以了解该工程的投资要点、景观控制点在哪里，以便在施工过程中进行重点控制。熟悉施工图与施工现场情况，并充分地把两者结合起来，在掌握设计意图的基础上，根据设计图纸对现场进行核对，编制施工计划书，认真做好场地平整、定点放线、给排水工程前期工作。

在施工过程中要做到统一领导，各部门、各项目要做到协调一致，使工程建设能顺利进行。

2.根据园林工程的实际特点，施工组织设计应包含以下内容：

（1）做好工程概预算，为工程施工做好施工场地、施工材料、施工机械、施工队伍等方面的准备。

（2）合理计划，根据对施工工期的要求，组织材料、施工设备、施工人员

进入施工现场，计划好工程进度，保证连续施工。

（3）施工组织机构及人员，施工组织机构需明确工程分几个工程组完成，以及各工程组的所属关系与负责人。注意不要忽略养护组，人员安排要根据施工进度计划，按时间顺利安排。

园林施工是一项严谨的工程，施工人员在施工过程中必须严格按照施工图进行，不可按照自己的意愿随意施工，否则将会对整个园林工程造成不可挽回的后果。园林工程施工就是按设计要求设法使园林尽可能地发挥自身的作用。所以说设计是园林工程的灵魂，离开了设计，园林工程的施工将无从下手；如不严格按照施工图施工，将会歪曲整个设计意图，影响绿化、美化效果。施工人员掌握施工意图、与设计单位密切联系、严格按图施工，是保证园林工程质量的基本前提。

（二）苗木的选择

在选择苗木时，先看树木姿态和长势，再检查有无病虫害。应严格遵照设计要求，选用苗龄为青壮年期有旺盛生命力的植株；在规格尺寸上应选用略大于设计规格尺寸的植株，这样才能在种植修剪后，满足设计要求。

1.乔木干形

乔木主干要直，分枝均匀，树冠完整，忌弯曲和偏向；树干平滑无大结节（大于直径20毫米的未愈合的伤害痕）和突出异物。

叶色：除叶色种类外，叶色要深绿，叶片光亮。

丰满度：枝繁叶茂，整体饱满；主树种枝叶密实平整，忌脱脚（植株下部的枝叶枯黄脱落）。

无病虫害：叶片不能发黄发白，无虫害或大量虫卵寄生。

树龄：3～5年壮苗，忌小老树；树龄用年轮法抽样检测。

2.灌木干形

分枝多而低为好，通常第1分枝应为3枝以上，分枝点不宜超过30厘米。

叶色：绿叶类叶色呈翠绿、深绿，光亮；色叶类颜色要纯正。

丰满度：灌木要分枝多，叶片密集饱满，特别是一些球类，或需要剪成各种造型的灌木，对枝叶的密实度要求较高。

无病虫害：植物发病叶片由绿转黄，发白或呈现各色斑块；观察叶片有无被虫食咬，有无虫子，或大量虫卵寄生。

3.绿化地的整理

绿化地的整理不只是简单地清掉垃圾，拔掉杂草，该作业的重要性在于为树木等植物提供良好的生长条件，保证其根部能充分伸长，维持活力，吸收养料和水分。因此在施工中不得使用重型机械碾压地面。

（1）要确保根域层应有利于根系的伸长平衡

一般来说，草坪、地被根域层生存的最低厚度为15厘米，小灌木为30厘米，大灌木为45厘米，浅根性乔木为60厘米，深根性乔木为90厘米；而植物培育的最低厚度在生存最低厚度基础上，草坪、地被、灌木各增加15厘米，浅根性乔木增加30厘米，深根性乔木增加60厘米。

（2）确保适当的土壤硬度

土壤硬度适当可以保证根系充分伸长和维持良好的通气性与透水性，避免土壤板结。

（3）确保排水性和透水性

填方整地时要确保团粒结构良好，必要时可设置暗渠等排水设施。

（4）确保适当的pH值

为了保证花草树木的良好生长，土壤pH值最好控制在5.5 ~ 7.0的范围内或根据所栽植物对酸碱度的喜好而做调整。

（5）确保养分

适宜植物生长的最佳土壤是矿物质含量为45%，有机质含量为5%，空气含量为20%，水含量为30%。

4.苗木的栽植

栽植时，在原来挖好的树穴内先根据情况回填虚土，再垂直放入苗木，扶正后培土。苗木回填土时要踩实，苗木种植深度保持原来的深度，覆土最深不能超过原来种植深度5厘米；栽植完成后由专业技术人员进行修剪，伤口用麻绳缠好，剪口要用漆涂盖。在风大的地区，为确保苗木成活率，栽植完成后应及时设硬支撑。栽完后要马上浇透水，第二天浇第二次水，第3 ~ 5天浇第三次水，1周后转入正常养护。常绿树及在反季节栽植的树木要注意喷水，每天至少2 ~ 3次，减少树木本身水分蒸发，提高成活率。浇第一次水后，要及时对歪树进行扶正和支撑，对于个别歪斜相当严重的需重新栽植。

5.苗木的养护

园林工程竣工后，养护管理工作极为重要，树木栽植是短期工程，而养护则是长期工程。各种树木有着不同的生态习性、特点，要使树木长得健壮，充分发挥绿化效果，就要给树木创造足以满足需要的生活条件，满足它对水分的需求，既不能使其因缺水而干旱，又不能因水分过多而遭受水涝灾害。

灌溉时要做到适量，最好采取少灌、勤灌的原则，必须根据树木生长的需要，因树、因地、因时制宜地合理灌溉，保证树木随时都有足够的水分供应。当前生产中常用的灌水方法是树木定植以后，一般乔木需连续灌水3～5年，灌木最少5年，土质不好或树木因缺水而生长不良及干旱年份，应延长灌水年限。每次每株的最低灌水量——乔木不得少于90千克，灌木不得少于60千克。灌溉常用的水源有自来水、井水、河水、湖水、池塘水、经化验可用的废水。灌溉应符合的质量要求是灌水堰应开在树冠投影的垂直线下，不要开得太深，以免伤根；水量充足；水渗透后及时封堰或中耕，切断土壤的毛细管，防止水分蒸发。

盐碱地绿化最重要的工作是后期养护，其养护要求较普通绿地标准更高、周期更长，养护管理的好坏直接影响到绿化效果。因此，苗木定植后，及时抓好各个环节的管理工作，实行疏松土壤、增施有机肥和适时适量灌溉等措施，可在一定程度上降低盐量。冬季风大的地区，温度低，上冻前需浇足冻水，确保苗木安全越冬。在盐分胁迫下树木对病虫害的抵抗能力下降，因此需加强病虫害的治理力度。

第三章　园林植物的养护与灾害的防治

第一节　养护管理的意义与内容

一、养护管理概述

（一）养护管理的意义

园林树木需要精细的养护管理，是由以下因素决定的：

1.培育目标的多样性与养护管理

园林树木的功能是多种多样的，从生态功能上可以保护环境、净化空气，维持生态平衡；从景观功能上可以美化环境；同时，许多园林树木还具有丰富的文化内涵。园林树木与人的距离很近，关系密切，人们对树木多种有益功能的需求是全天候的、持久的，且随季节的变换而改变。因此，养护管理的首要任务是保证园林树木正常生长，这是树木发挥多种有益功能的前提，其次要采取人为措施调整树木的生长状况，使其符合人们的观赏要求。例如，随着年龄的增大和季节的变换，树木个体或群体的外貌不断发生改变，为了使树木保持最佳的观赏效果，就必须对树木进行必要的整形修剪。

2.园林树木生长周期的长期性与养护管理

园林树木的生长周期非常长，短的几十年，长的数百年，甚至上千年。在漫长的生命历程中，树木一方面要与本身的衰老做斗争，另一方面要面临各种天灾人祸的考验。只有通过细致的养护管理，才能培育健壮的树势，以克服衰老、延长寿命，同时提高对各种自然灾害的抵抗力，达到防灾减灾的目的。

3.生长环境的特殊性与养护管理

园林树木的生长环境远不及其他地方的树木。从树木根系生长的条件来看，由于城市建设已把原生土壤破坏，园林树木生长的土壤大多为客土，多数建筑地面已达心土层，有的甚至达到母质层，树木的根系被限制在狭小的“树洞”内。同时，根系的生长还经常受到城市地下管道的阻碍，大量的水泥地面使树木得不到正常的水分供应。

从树木地上部分的生长环境看，园林树木经常处在不利的环境中，城市特有的各种有毒气体、粉尘、热辐射、酸雨、生活垃圾和工业废弃物等都严重影响树木的生长，其还经常遭受人为践踏和机械磨损。因此，园林树木养护管理的任务非常艰巨，需要长期、精细的管护，其管护成本比其他地方的树木要高得多。

4.园林树木的栽培特点与养护管理

与大规模的植树造林相比，园林树木栽植具有以下特点：①为了满足景观的需要，大量使用外来树种，而外来树种对环境的适应能力一般不如乡土树种；②为了保证城市建设工程的按时完成，经常在非适宜季节栽植园林树木，增加了管理的难度；③为了达到某种观赏效果或符合规则式配置的要求，限制了树种选择，以致在不太适宜某树种生长的地方不得不栽植该树种，必须加强管理才能保证该树木的正常生长；④由于城市土地空间的限制，许多园林树木只能采用孤植或团块状栽植，其结构较为简单，而处于孤立状态的树木，其抵御不良环境侵害的能力远不如结构复杂的森林中的林木。

（二）养护管理的内容

园林树木的养护管理包括土、肥、水的管理，自然灾害防治，病虫害防治，整形修剪和树体养护等。这些管理措施的采用是相辅相成的，其综合结果对树木的生长发育产生着影响。

二、园林植物养护工作年历

（一）1 月

全年中气温最低的月份，露地树木处于休眠状态。

（1）防寒与维护。随时检查树木的防寒情况，发现防寒物有漏风等问题的，应及时补救；对于易受损坏的树木要加强保护，必要时可以采取捆裹树干的方法加强保护。

（2）冬季修剪。全面进行整形修剪作业，对悬铃木、大小乔木上的枯枝、伤残枝、病虫枝及妨碍架空线和建筑物的枝杈进行修剪。

（3）行道树检查。检查行道树绑扎、立桩情况，发现松绑、铅丝嵌入树皮、摇桩等情况时立即整改。

（4）防治害虫。冬季是消灭园林害虫的有利季节，往往有事半功倍的效果。可在树下疏松的土中挖刺蛾的虫蛹、虫茧，集中焚烧。1月中旬的时候，蚧壳虫类开始活动，但这时候行动迟缓，可以采取刮除树干上的幼虫的方法。

（5）绿地养护。要注意防冻浇水，拔除绿地内大型野草；草坪要及时挑草、切边，对于当年秋天播种晚或长势弱的草坪，在1月上旬应采取覆盖草帘、麦秆等措施保护草坪越冬。

（6）做好年度养护工作计划，包括药剂、肥料、机具设备等材料的采购。

（二）2月

气温较1月有所回升，树木仍处于休眠状态。

（1）养护基本与1月相同。

（2）主要是防止草坪被过度践踏。对温度回升快的地方，在2月下旬应浇1次解冻水，促进草坪的返青。1月下旬可对老草坪进行疏草工作，清除过厚的草坪垫层和枯枝落叶层。

（3）修剪。继续对大小乔木的枯枝、病枝进行修剪，月底以前结束。

（4）防治害虫。继续以防治刺蛾和蚧壳虫为主。

（三）3月

气温继续上升，3月中旬以后，树木开始萌芽，有些树木已开花。

（1）植树。春季是植树的有利时机。土壤解冻后，应立即抓紧时机植树。种植大小乔木前做好规划设计，事先挖（刨）好树坑，要做到随挖、随运、随种、随浇水。种植灌木时也应做到随挖、随运、随种，并充分浇水，以提高苗木存活率。

（2）春灌。因春季干旱多风，蒸发量大，为防止春旱，对绿地应及时浇水。

（3）施肥。土壤解冻后，对植物施用基肥并灌水。

（4）防治病虫害。本月是防治病虫害的关键时刻。一些植物（如山茶、海桐）出现了煤污病（可喷3～5波美度的石硫合剂，消灭越冬病原），瓜子黄杨绢野螟也出现了，可采用喷洒杀螟松等农药进行防治。防治刺蛾可以继续采用挖蛹方法。

（5）草坪养护。草坪剪去冬季干枯的叶梢，保持较低的高度，以利接受更多的太阳辐射，提早返青。草坪开始进入返青期，应全面检查草坪土壤平整状况，可适当添加细沙进行平整。如果洼地超过2厘米，应将草皮铲起添沙、肥泥并浇水、镇压。及早灌溉是促进草坪返青的必要措施，地温一旦回升应及时浇1次透水。3月中旬应追施1次氮肥，3月下旬根据实际情况可在叶面喷施1次磷钾肥。3月中下旬适当进行低修剪，可促进草坪提早返青，同时能吸收走草坪上的枯草层或枯枝落叶。对践踏过度、土壤板结的草坪，应使用打孔机具（人工、机动）打孔透气，发现有成片空秃及质量差的草坪应安排计划及早补种。做好草坪养护机具的保养工作。

（6）拆除部分防寒物。冬季防寒所加的防寒物，可部分撤除，但不能过早。冬季整形修剪没有结束的应抓紧时间剪完。

（四）4 月

气温继续上升，树木均已发芽、展叶，开始进入生长旺盛期。

（1）继续植树。4月上旬应抓紧时间种植萌芽晚的树木，对冬季死亡的灌木应及时拔除补种。

（2）灌水。继续对养护绿地进行及时的浇水。

（3）施肥。对草坪、灌木结合灌水，追施速效氮肥，或者根据需要进行叶面喷施。

（4）修剪。剪除冬、春季干枯的枝条，可以修剪常绿绿篱，做好绿化护栏油漆、清洗、维修等工作。

（5）防治病虫害。一是防治蚧壳虫。蚧壳虫在第二次蜕皮后陆续转移到树皮裂缝内、树洞、树干基部、墙角等处分泌白色蜡质薄茧化蛹，可以用硬竹扫帚扫除，然后集中深埋或浸泡处理；也可喷洒杀螟松等农药进行防治。二是防治天牛。天牛开始活动了，可以采用嫁接刀或自制钢丝挑除幼虫，但是伤口要做到越小越好。三是预防锈病。施用烯唑醇或三唑酮2～3次。4月下旬对发生虫害的地段可采用菊酯类等药物防除。4月下旬喷施两次杀菌剂对草坪病害进行防治，如多菌灵、三唑酮、甲基硫菌灵、代森锰锌。四是进行其他病虫害的防治工作。

（6）绿地内养护。注意大型绿地内的杂草及攀缘植物的拔除。对草坪也要进行挑草及切边工作。拆除全部防寒物。

（7）草花。迎五一替换冬季草花，注意做好浇水工作。

（五）5月

气温急剧上升，树木生长迅速。

（1）浇水。树木抽条、展叶盛期，需水量很大，应适时浇水。

（2）施肥。可结合灌水追施化肥。

（3）修剪。修剪残花；新植树木剥芽、去蘖等；行道树进行第一次的剥芽修剪。

防治病虫害。继续以捕捉天牛为主。刺蛾第一代孵化，但尚未达到危害程度，根据养护区内的实际情况做出相应措施。由蚧壳虫、蚜虫等引起的煤污病也进入了盛发期（在紫薇、海桐、夹竹桃等上），在5月中下旬喷洒松脂合剂10～20倍液及50%辛硫磷乳剂1500～2000倍液以防治病害及杀死害虫。

草坪养护。草坪开始进入旺盛生长时期，应每隔10天左右剪1次。可根据草坪品种不同，留茬高度控制在3～5厘米。对于早春干旱缺雨地区，及时进行灌溉，并适当施用磷酸二铵以促进草坪生长。对易发生病害的草坪进行防治，如喷洒多菌灵、三唑酮、井冈霉素以防止锈病及春季死斑病的发生。

（六）6月

气温急剧升高，树木迅速生长。

（1）浇水。植物需水量大，要及时浇水。

（2）施肥。结合松土、除草、浇水进行施肥以达到最好的效果。

（3）修剪。继续对行道树进行剥芽去蘖工作，对过大过密树冠适当疏剪。对绿篱、球类及部分花灌木实施修剪。

（4）中耕锄草。及时消灭绿地内的野草，防止草荒。

（5）排水工作。雨季将来临，预先挖好排水沟，做好排水防涝的准备工作，大雨天气时要注意低洼处的排水工作。

（6）防治病虫害。6月中下旬刺蛾进入孵化盛期，应及时采取措施，现基本采用50%杀螟硫磷乳油500～800倍液喷洒。继续对天牛进行人工捕捉。月季白粉病、青桐木虱等也要及时防治。草坪病害防治：褐斑病、枯萎病、叶斑病开始发生，喷灌预防性杀菌剂，如多菌灵、代森锰锌和百菌清等。草坪黏虫防治：黏虫1年可发生2～4代，对草坪破坏性极大。及时发现是防治黏虫的关键。黏虫为3龄以内，施用1～2次杀虫剂可控制。

（7）做好树木防汛防台风前的检查工作，对松动、倾斜的树木进行扶正、加固及重新绑扎。

（8）草坪养护。草坪进入夏季养护管理阶段，定期修剪的次数一般为10天左右。每次修剪后要及时喷洒农药，防止病菌感染。主要杀菌剂有多菌灵、甲基硫菌灵、代森锰锌等。肥以钾肥为主，避免施用氮肥，施肥量以15克/米为宜。浇水应在早、晚浇灌，避开中午高温时间。

（七）7 月

气温最高，7月中旬以后会出现大风大雨情况。

（1）移植常绿树。雨季期间，水分充足，蒸发量相对较低，可以移植常绿树木，特别是竹类最宜在雨季移植。但要注意天气变化，一旦碰到高温天气要及时浇水。

（2）大雨过后要及时排涝。

（3）施追肥，在下雨前干施氮肥等速效肥。

（4）巡查、救危。进行防台风剥芽修剪，对与电线有矛盾的树枝一律修剪，并对树桩逐个检查，发现松垮、不稳现象立即扶正绑紧。事先做好劳力组织、物资材料、工具设备等方面的准备，并随时派人检查，发现险情及时处理。

（5）防治病虫害。继续对天牛及刺蛾进行防治。防治天牛可以采用50%杀螟硫磷乳油50倍液注射，然后封住洞口，也可达到很好的效果。香樟樟巢螟要及时地剪除，并销毁虫巢，以免再次造成危害。草坪病害防治：褐斑病、枯萎病、叶斑病开始发生，喷灌预防性杀菌剂，如多菌灵、代森锰锌和百菌清等。草坪黏虫防治：黏虫1年可发生2～4代，对草坪破坏性极大。及时发现是防治黏虫的关键。黏虫为3龄以内，施用1～2次杀虫剂可控制。

（6）草坪养护。天气炎热多雨，是冷季型草坪病害多发季节，养护管理工作主要以控制病害为主。浇水应选择早上为好，控制浇水量，以湿润地表15～20厘米为准。这时候是杂草大量发生的季节，要及时清除杂草，对阔叶杂草可采用苯磺隆等除草剂防除。修剪应遵循"1/3原则"；每次剪去草高的1/3，病害发生时修剪草坪应对剪草机的刀片进行消毒处理，防止病害蔓延；每次修剪后还要及时喷洒多菌灵、甲基硫菌灵、代森锰锌、百菌清、三唑酮、井冈霉素等，可以单用也可混合使用，建议施药时要避开午间高温时间和有露水的早晨。根据实际情况可适当增施磷、钾肥。

（八）8月

仍为高温多雨时期。

（1）排涝。大雨过后，对低洼积水处要及时排涝。

（2）行道树防台风工作。继续做好行道树的防台风工作。

（3）修剪。除一般树木夏修外，要对绿篱进行造型修剪。

（4）中耕除草。杂草生长也旺盛，要及时除草，并可结合除草进行施肥。草坪养护同7月份。

（5）防治病虫害。捕捉天牛为主，注意根部的天牛捕捉。蚜虫危害、香樟樟巢螟要及时防治。潮湿天气要注意白粉病及腐烂病，要及时采取措施。

（九）9月

气温有所下降，做好迎国庆相关工作。

（1）修剪。迎接市容工作，行道树三级分杈以下剥芽。绿篱造型修剪。绿地内除草，草坪切边，及时清理死树，做到树木青枝绿叶，绿地干净整齐。

（2）施肥。秋季施肥是一年中施肥量最多的季节。对一些生长较弱、枝条不够充实的树木，应追施一些磷、钾肥。

（3）草花。迎国庆，草花更换，选择颜色鲜艳的草花品种，注意浇水要充足。

（4）防治病虫害。穿孔病（多发于樱花、桃、梅等上）为发病高峰，采用50%多菌灵1000倍液防止侵染。天牛开始转向根部危害，注意根部天牛的捕捉；

对杨、柳上的木蠹蛾也要及时防治；做好其他病虫害的防治工作。

（5）绿地管理。天气变凉，是虫害发生的主要时期，管理工作以防治虫害为主，草地害虫如蝼蛄、草地螟等应及时防除。选用的药物主要有呋喃丹、西维因、敌杀死、辛硫磷、氧化乐果等，如果单一药物作用不是很大，则应按适应的比例把几种药物混合使用。该月病害基本不再蔓延，应及时清除枯死的病斑，对于草坪中出现的空秃可进行补播。草坪施肥以磷肥为主，可施入少量钾、氮肥，增强其抗病能力和越冬能力。本月是建植草坪的最佳时期，草皮补植及绿化维修服务主要在本月进行。

（6）国庆节前做好各类绿化设施的检查工作。

（十）10 月

气温下降，10月下旬进入初冬，树木开始落叶，陆续进入休眠期。

（1）做好秋季植树的准备。10月下旬耐寒树木一一落叶，就可以开始栽植。

（2）绿地养护。及时去除死树，及时浇水。绿地、草坪挑草切边工作要做好。草花生长不良的要施肥，晚秋施肥可增加草坪绿期及促进草坪提早返青。留茬高度应适当提高，以利草坪正常越冬。浇水次数可适当减少，增施氮、磷、钾肥（肥料配比应是高磷、高钾、低氮）促进草坪生长，以便于越冬。

（3）防治病虫害。继续捕捉根部天牛，香樟樟巢螟也要注意观察防治。

（十一）11 月

气温继续下降，冷空气频繁，天气多变，树木落叶，进入休眠期。

（1）植树。继续栽植耐寒植物，土壤冻结前完成。

（2）翻土。有条件的可以在土壤封冻前施基肥；对绿地土壤翻土，暴露准备越冬的害虫。清理落叶：如草坪上有落叶，要及时清理，防止伤害草坪。

（3）浇水。对干、板结的土壤浇水，灌冻水要在封冻前完成。

（4）防寒。对不耐寒的树木做好防寒工作，灌木可搭风障，宿根植物可培土。

（5）病虫害防治。各种害虫在11月下旬准备过冬，防治任务相对较轻。

（十二）12 月

低气温，开始冬季养护工作。

（1）冬季修剪，对一些常绿乔木、灌木进行修剪。

（2）消灭越冬病虫害。

（3）做好明年调整工作准备。待落叶植物落叶以后，对养护区进行观察，绘制要调整的方位。根据情况及时进行冬灌；防止过度践踏草坪，避免翌年出现秃斑。

第二节　自然灾害的预防

园林树木在漫长的生命历程中，经常面对各种自然灾害的侵扰，如不采取积极的预防措施，精心培育的树木可能毁于一旦。要预防和减轻自然灾害的危害，就必须掌握各种自然灾害的发生规律和树木致害的原理，从而因地制宜、有的放矢地采取各种有效措施，保证树木的正常生长，充分发挥园林树木的功能效益。对于各种自然灾害的防治，都要贯彻“预防为主，综合防治”的方针；在规划设计中要考虑各种可能的自然灾害，合理地选择树种并进行科学的配置；在树木栽培养护的过程中，要采取综合措施促进树木健康生长，增强抗灾能力。自然灾害的种类非常多，常见的有冻害、霜害、寒害、日灼、雪害、风害等。

一、低温危害

（一）低温危害的种类

1.冻害

冻害是指气温降至0℃以下，树木组织内部结冰所引起的伤害。冻害一般发生在树木的越冬休眠期，以北方温带地区常见，南方亚热带有些年份也出现冻害。树木冻害的部位和程度及受害状依树种、年龄大小和具体的环境条件而异，主要有下列症状：

（1）溃疡

溃疡指低温下树皮组织的局部坏死。这种冻伤一般只局限于树干、枝条或分杈部位的某一较小范围内。受冻部位最初微微变色下陷，不易察觉，以后逐渐干枯死亡、脱落。这种现象在经过一个生长季后的秋末十分明显。如果冻害轻，形成层尚未受伤，可以逐渐恢复。

多年生枝杈，特别是枝基角内侧，位置荫蔽而狭窄，易遭受积雪冻害或一般冻害；树木根颈部也是易遭冻害的部位之一，特别是在嫁接口和插穗的上切口部位，不管是小苗还是大树，该部位的输导系统发育较差，组织脆弱，容易受冻害。根颈冻害可能是局部斑块状溃疡，也可能是环状溃疡，对树木的危害非常大，常引起树木衰弱甚至整株死亡；树木组织的抗冻性与木质化程度关系大，进入休眠期晚、木质化程度低的幼嫩部分，如树冠外围枝条的先端部位等，容易遭受冻害；根系因有土壤的保护而较少遭受冻害，但如果土壤结冰，许多细根就可能产生冻伤。通常新栽树木或幼树细根多，分布浅，易遭冻害，土壤疏松、干燥、沙性重时，树木根系受冻的可能性大。

（2）冻裂

冻裂是树皮因冻而开裂的现象。冻裂常造成树干纵裂，给病虫的入侵制造机会，影响树木的健康生长。冻裂常在气温突然降至0℃以下时发生，是面对骤降的低温，树干木材内外收缩不均而引起的。

冻裂多发生在树干向阳的一面，因这一方向昼夜温差大；通常落叶树种，较常绿树种易发生冻裂，如苹果属、椴属、悬铃木属、七叶树属的某些种及鹅掌楸属、核桃属、柳属等；一般孤立木和稀疏的林木比密植的林木冻裂严重；幼壮龄树比老年龄树冻裂严重。

（3）冻拔

冻拔又叫冻举，指温度降至0℃以下，土壤结冰与根系连为一体。水在结冰时体积会变大，使根系和土壤同时被抬高，化冻后，土壤与根系分离，土壤在重力作用下下沉，根系则外露，看似被拔出，故称冻拔。冻拔的危害主要是影响树木扎根，使树木倒伏死亡。冻拔常发生在苗木和幼树上，土壤含水量大、质地黏重时容易发生冻拔。

2.霜害

气温急剧下降至0℃或0℃以下，空气中的过饱和水汽与树体表面接触，凝结成霜，使幼嫩组织或器官受害的现象，叫霜害。霜害一般发生在生长期内。霜冻可分为早霜和晚霜。秋末的霜冻叫早霜，春季的霜冻叫晚霜。

早霜危害的发生常常是当年夏季较为凉爽，而秋季又比较温暖，树木生长期推迟，当霜冻来临时，树体还未做好抗寒的准备，导致一些木质化程度不高的组织或器官受伤。在正常年份，如霜冻突然来临也容易造成早霜危害。

晚霜危害一般是在树体萌动后，气温突然下降至0℃或更低，使刚长出的幼嫩部分受损。一般晚霜危害发生后，阔叶树的嫩枝、叶片萎蔫、变黑和死亡；针叶树的叶片变红和脱落。早春温暖，树木过早萌发，最易遭受突如其来的晚霜的危害。黄杨、火棘、朴树、檫树等对晚霜比较敏感。南方树种引种到北方，容易遭受早霜危害；秋季水肥过量，特别是氮素供应过多的树木，也易遭受早霜危害。不同树种，同一树种的不同品种，抗霜冻的能力不一样。

3.寒害

寒害又称冷害，是指0℃以上的低温对林木造成的伤害。寒害常发生于热带和南亚热带地区，在这一地区的某些树种耐寒性很差，当气温降至0℃～5℃时，就会破坏细胞的生理代谢，产生伤害。

（二）低温危害的预防

低温危害的发生除与树木本身的抗寒性有关外，还受其他因素的影响。从前述中已知，树木的冻害、霜害和寒害是有明确定义的，但下面要讨论的树木的“抗寒性”则包括了抗冻害、霜害和寒害的特性。据观测，桂花属中月桂的抗寒性不及丹桂强，但若月桂树势强、养分积累多，则抗寒能力强；嫁接树种所用砧木不同，则抗寒性不同，砧木抗寒性强的，则树木抗寒性也强；其他如树木主干受伤（包括病虫危害或树皮受损）都会降低树木的抗寒性。外界环境如地形、高差、土壤、小气候也直接影响树木的抗寒能力。栽培管理水平也影响抗寒性，如水肥条件好，修剪好，病虫少，栽植深度适当则抗寒性强，反之抗寒性弱。新栽树木的抗寒能力往往不及栽植多年的树木。

综上所述，影响林木抗寒性的因素很多，预防低温危害要采取综合措施，生产上比较行之有效的方法有以下几种：

1.选用抗寒的树种、品种和砧木

选择耐寒树种是避免低温危害最有效的措施，在栽植前必须了解树种的抗寒性，有针对性地选择抗寒性强的树种。例如，有关专家以北京市园林绿化中最常见的乡土树种及近年来引种推广的园林树种为测试对象，将北京地区园林树种的抗寒性分为4级。乡土树种由于长期适应当地气候，具有较强的抗寒性。在有低温危害的地区引进外来树种，要经过引种试验，证明其具有适应低温的能力再推广种植。对于同一个树种，应选择抗寒性强的种源、家系和品种。对于嫁接的树木，应选择抗寒性强的砧木。

2.加强水肥管理，培育健壮树势

树木生长越健壮，积累的营养越多，病虫害越少，在与低温危害的斗争中就越处于优势地位。对于存在低温危害可能性的树木，在春夏季节可加强水肥供应，促进树木的营养积累；在生长期的后期，则要控制水肥，特别是少施氮肥，注意排水，以免树木徒长，降低抗寒性。可适当施些磷、钾肥，以促进树木木质化，提高树木的抗寒性。

3.地形和栽培位置的选择

不同的地形造就了不同的小气候，气温可相差3～5℃。一般而言，背风处，温度相对较高，低温危害较轻；当风口，温度较低，树木受害较重；地势低的地方为寒流汇集地，受害重，反之受害轻。在栽植树木时，应根据城市地形特点和各树种的耐寒程度，有针对性地选择栽植位置。

4.改善树木生长的小气候

这里指的是人工改善林地小气候，使林木免受低温危害。

（1）设置防护林带

防护林带可以降低风速，增加大气湿度。据观测，在林带的保护范围内，冬季极限低温可比无林带保护的地方高1～2℃，林带树种一般为抗性强的常绿针阔叶树种。实践证明，在果园、花园、苗圃及梅园、竹园、棕榈园等专类园的周围建立防护林带，能有效减轻低温的危害。目前，许多大城市建立的环城林带，也具有预防低温危害的作用。

（2）熏烟法

熏烟法是在林地人工放烟，通过烟幕减少地面辐射散热，同时烟粒吸收湿气，使水汽凝结成水滴放出热量，从而提高温度，保护林木免受低温危害的方法。熏烟一般在晴朗的下半夜进行，根据当地的天气预报，事先每隔一定距离设置放烟堆（由秸秆、谷壳、锯末、树叶等组成），约在3：00—6：00点火放烟。其优点是简便、易行、有效，缺点是在风大或极限低温低于-3℃时，效果不明显，放烟本身还会污染环境，在中心城区不宜用此法。

（3）喷水法

根据当地天气预报，在将要发生霜冻的凌晨，利用人工降雨和喷雾设备，向树冠喷水。因为水的温度比气温高，水洒在树冠的表面可减少辐射散热，水遇冷结冰还会释放热能，喷水能有效阻止温度的大幅度降低，减轻低温危害。

5.其他防护措施

（1）设置防风障

用草帘、彩条布或塑料薄膜等遮盖树木，防护效果好，但费工费时，成本高，影响观赏效果，对于抗寒性弱的珍贵树种可用此法。给乔木树种设置防风障要先搭木架或钢架，绿篱、绿球等低矮植物一般不需搭架，直接遮盖，但要在四周落地处压紧。

（2）培土增温

一些低矮的植物可以全株培土，如月季、葡萄等，较高大的可在根颈处培土，一般培土高度为30厘米。培土可以减轻根系和根颈处的低温危害。如果培土后用稻草、草包、腐叶土、泥炭藓、锯末等保温性好的材料覆盖根区，效果更好。另外还有泄“冻水”“春水”，喷洒药剂等方法。

（三）受害植株的养护

低温危害发生后，如果树木受害严重，继续培养无价值或已死亡的，应及时清除。多数情况下，低温危害只造成树木部分组织和器官受害，不至于毁掉整株树木，但要采取必要的养护措施，以帮助受害树木恢复生机。

1.适当修剪

低温危害过后，要全部清除已枯死的枝条，为便于辨别受害枝，可等到芽发出后再修剪。如果只是枝条的先端受害，可将其剪至健康位置，不要将整个枝条都剪掉，以免过分破坏树形，增加恢复难度。

2.加强水肥管理

如果树木遭受低温危害较轻，在灾害过后可增施肥料，促进新梢的萌发和伤口的愈合；如果树木受害较重，则灾害后不宜立即施肥，因为施肥会刺激枝叶生长，增加蒸腾，而此时树木的输导系统还未恢复正常的运输功能，过多施肥可能会扰乱树木的水分和养分代谢平衡，不利于树木恢复。因此，对于受害较重的树木，一般要等到7月后再增施肥料。

3.防治病虫害

树木遭受低温危害后，树势较弱，树体上有创伤，给病虫害以可乘之机。防治的办法是结合修剪，在伤口涂抹或喷洒化学药剂。药剂用杀菌剂加保湿胶黏剂或高膜脂制成，具有杀菌、保湿、增温等功效，有利于树木伤口的愈合。

4.其他措施

对树木不能愈合的大伤口进行修补；因低温危害树形缺陷的，可通过嫁接弥补。

二、高温危害

高温危害是指在异常高温的影响下，强烈的阳光灼伤树体表面，或干扰树木正常生长而造成伤害的现象。高温危害常发生在仲夏和秋初。

（一）高温危害的致害机理

日灼是最常见的高温危害。当气温高，土壤水分不足时，树木会关闭部分气孔以减少蒸腾，这是植物的一种自我保护措施。蒸腾减少，因此树体表面温度升高，灼伤部分组织和器官，一般情况是皮层组织或器官溃伤、干枯，严重时引起局部组织死亡，枝条表面被破坏，出现横裂，降低负载力，甚至枝条死亡。果实如遭日灼，表面出现水烫状斑块，而后扩大，导致裂果，甚至干枯。通常苗木和幼树常发生根颈部灼伤，因为幼树尚未成林，林地裸露，当气温高、光照强烈时，地表温度很高，过高的温度灼伤根颈处的形成层。故根颈灼伤常呈环状，阳面通常更严重。

对于成年树和大树，常在树干上发生日灼，使形成层和树皮组织坏死，通常树干光滑的耐荫树种易发生树皮灼伤。树皮灼伤一般不会造成树木死亡，但灼伤破坏了部分输导组织，影响树木生长，给病虫害入侵创造了机会。灼伤也可能发生在树叶上，灼伤使嫩叶、嫩梢烧焦变褐。如果持续高温，超过了树木忍耐的极限，可能导致新梢枯死或全株死亡。

不同树种抗高温的能力不同，二球悬铃木、樱花、檫树、泡桐、樟树、部分竹类等易遭皮灼；槭属、山茶属树木的叶片易遭灼害；同一树种的幼树，同一植株的当年新梢及幼嫩部分，易遭日灼危害。日灼的发生也与地面状况有关，在裸露地、沙性土壤或有硬质铺装的地方，树木最易发生根颈部灼伤。

（二）高温危害的防治

预防高温危害，要采取综合措施：选择抗性强、耐高温的树种和品种；加强水分管理，促进根系生长。土壤干旱常加剧高温危害。因此，在高温季节要加强对树木的灌溉，加强土壤管理，促进根系生长，提高其吸水能力；树干涂白；地面覆盖。对于易遭日灼的幼树或苗木，可用稻草、苔藓等材料覆盖根区，也可用稻草捆缚树干。

三、雪害

雪害是指树冠积雪太多，压断枝条或树干的现象。例如，2003年11月北京的一场雪灾，据调查，有多达1347万株树木遭受雪害，直接经济损失1.1亿元。通常情况下，常绿树种比落叶树种更易遭受雪害，落叶树如果在叶片未落完前突降大雪，也易遭雪害；下雪之前先下雨，雪花更易黏附在湿叶上，雪害更重；下雪后又遇大风，将加剧雪害。雪害的程度受树形和修剪方法的影响。一般情况下，当树木扎根深、侧枝分布均匀、树冠紧凑时，雪害轻。不合理的修剪会加剧雪害。例如，许多城市的行道树从高2.5米左右“砍头”，然后再培养5～6个侧枝，由于侧枝拥挤在同一部位，树体的外力高度集中，积雪过多极易造成侧枝劈裂。

雪害看似天灾，不可避免，但人们仍可通过多种措施减轻其危害。第一，通过培育措施促进树木根系的生长，使其形成发达的根系网。根系牢，树木的承载力就强，头重脚轻的树木易遭雪压。第二，修剪要合理，不要过分追求某种形状而置树木的安全于不顾。事实上，在自然界树木枝条的分布是符合力学原理的，侧枝的着力点较均匀地分布在树干上，这种自然树形的承载力强。第三，合理配置，栽植时注意乔木与灌木、高与矮、常绿与落叶树木种类之间的合理搭配，使树木之间能相互依托，以增强群体的抗性。第四，对易遭雪害的树木进行必要的支撑。第五，下雪时及时摇落树冠积雪。

四、风害

在多风地区，大风使树木偏冠、偏心或出现风折、风倒和树杈劈裂的现象，称风害。偏冠给整形修剪带来困难，影响生态效益发挥；偏心的树木易遭冻害和日灼。北方冬季和早春的大风，易使树木枝梢干枯而死亡；春季的旱风常将新梢枝叶吹焦。在沿海地区，夏季常遭台风的袭击，造成风折、风倒和大枝断裂。

（一）影响树木抗风性的因素

树木抗风性的强弱与它的生物学特性有关。主根浅、主干高、树冠大、枝叶密的树种，抗风性弱。相反，主根深、主干短、枝叶稀疏、枝干柔韧性好的树种，抗风性强。一些已遭虫蛀或有创伤的树木，易遭风害。环境条件和栽植技术也影响抗风性的强弱。在当风口和地势高的地方，风害严重；行道树的走向如果与风方向一致，就成为风力汇集的廊道，风压增加，加剧风害；土壤浅薄、结构不良时，树木扎根浅，易遭风害；新植的树木和移栽的大树，在根系未扎牢前，易遭风害；整地质量好、水肥管理及时、株行距适宜、配置合理的林木，风害轻。

（二）风害的预防

预防风害要采取综合措施。

（1）选择抗风性强的树种在易遭风害的风口、风道处，要选择抗风强的树种，适当密植，最好选用矮化植株栽植。

（2）设置防风林带。防风林带既能防风，又能防冻，是保护林木免受风害的有效措施。

（3）促进根系生长。包括改良土壤，大穴栽植，适当深栽，促进根系发展。

（4）合理修剪。见“雪害”。

（5）设立支撑或防风障。定植后及时支柱，对结果多或易遭风害的树木要采取吊枝、顶枝等措施；对幼树和名贵树种，可设置防风障。

第三节　园林植物的病虫害防治

一、园林害虫概述

（一）害虫危害植物的方式和危害性

（1）食叶

将园林植物叶片吃光、吃花，轻者影响植物生长和观赏，重者可造成园林植物长势衰弱，甚至死亡。

（2）刺吸

以针状口器刺入植物体吸取植物汁液，有的造成植物叶片卷曲、黄叶、焦叶，有的引起枝条枯死，严重时使树势衰弱，引发次生害虫侵入，造成植物死亡。刺吸害虫还是某些病原物的传媒体。

（3）蛀食

以咀嚼方式钻入植物体内啃食植物皮层、韧皮部、形成层、木质部等，直接切断植物输导组织，造成园林植物枯干、枯萎，严重的甚至整株枯死。

（4）咬根、茎

以咀嚼方式在地下或贴近地表处咬断植物幼嫩根茎或啃食根皮，影响植物生长，严重时可造成植物枯死。

（5）产卵

某些昆虫将产卵器插入树木枝条产下大量的卵，破坏树木的输导组织，造成枝条枯死。

（6）排泄

刺吸害虫在危害植物时的分泌物不仅污染环境，还会引起某些植物发生煤污病。

（二）检查园林植物害虫的常用方法

1.看虫粪、虫孔

食叶害虫、蛀食害虫在危害植物时都要排粪便，如槐尺蠖、刺蛾、侧柏毒蛾等食叶害虫在吃叶子时排出一粒粒虫粪。通过检查树下、地面上有无虫粪就能知道树上是否有虫子。一般情况下，虫粪粒小则虫体小，虫粪粒大说明虫体较大；虫粪粒数量少，虫子量少，虫粪粒数量多，虫子量多。另外，蛀食害虫，如光肩星天牛、木蠹蛾等危害树木时，向树体外排出粪屑，并挂在树木被害处或落在树下，很容易被发现。通过检查树木有无虫粪或虫孔，可以发现有无害虫。虫孔与虫粪多少能说明树上的虫量多少。

2.看排泄物

刺吸害虫危害树木的排泄物不是固体物而是呈液体状，如蚜虫、蚧壳虫、斑衣蜡蝉等在危害树木时排出大量“虫尿”落在地面或树木枝干、叶面上，甚至洒在停在树下的车上，像洒了废机油一样。因此，通过检查地面、树叶、枝干上有无废机油样污染物可以及时发现树上有无刺吸害虫。

3.看被害状

一般情况下，害虫危害园林植物，就会出现被害状。如食叶害虫危害植物，受害叶就会出现被啃或被吃等症状；刺吸害虫会引起受害叶卷曲或小枝枯死，或部分枝叶发黄、生长不良等情况；蛀食害虫危害植物，被害处以上枝叶很快呈现生长萎蔫或叶片形成鲜明对比。同样，地下害虫危害植物后，其植株地上部分也有明显表现。只要勤观察、勤检查就会很快发现害虫的危害。

4.查虫卵

有很多园林害虫在产卵时有明显的特征，抓住这些就能及时发现并消灭害虫。如天幕毛虫将卵呈环状产在小枝上，冬季非常容易看到；又如斑衣蜡蝉的卵块、舞毒蛾的卵块、杨扇舟蛾的卵块、松蚜的卵粒等都是发现害虫的重要依据。

5.拍枝叶

拍枝叶是检查松柏、侧柏或龙柏树上是否有红蜘蛛的一种简单易行的方法。只要将枝叶在白纸上拍一拍，就可看到白纸上是否有蜘蛛及数量多少。

6.抽样调查

抽样调查是检查害虫的一种较科学的方法，工作量较大。通常是选择有代表性的植株或地点进行细致调查，根据抽样调查取得的数据确定防治措施。

二、园林病害概述

（一）园林植物病害的危害性

（1）危害叶片、新梢

可造成叶片部分或整片叶子出现斑点、坏死、焦叶、干枯，影响生长和观赏。如月季黑斑病、毛白杨锈病、白粉病等。

（2）危害根、枝干皮层

引起树木的根或枝干皮层腐烂，输导组织死亡，导致枝干甚至整株植物枯死。如立枯病、腐烂病、紫纹羽病、柳树根朽病等。

（3）危害根系、根茎或主干

生物的侵入和刺激，造成各种肿瘤，消耗植物营养，破坏植物吸收。如线虫病、根癌病等。

（4）危害根茎维管束造成植物萎蔫或枯死。病原物侵入植物维管束，直接引起植物萎蔫、枯死。如枯萎病。

（5）危害整株植物

病原物侵入植株，引起各种各样的畸形、丛枝等，影响植物生长，甚至造成植物死亡。如枣疯病、泡桐丛枝病等。

（6）低温危害

可直接造成部分植物在越冬时抽梢、冻裂，甚至死亡。如毛白杨破腹病等。

（7）盐害

北方城市冬季雪后撒盐或融雪剂对行道树危害较大，严重时可造成行道树死亡。

（二）检查园林植物病害的方法

园林植物病害种类很多，按其病原可将病害大致分两类：一类是传染性病害，其病原有真菌、细菌、病毒、线虫等；另一类是非传染性病害，其病原有温度过高或过低、水分过多或过少、土壤透气不良、土壤溶液浓度过高、药害及空气污染等不利环境条件。检查、及时发现病害对控制和防治病害的大发生十分重要。常用的方法有以下几种：

1.检查叶片上出现的斑点

病斑有轮廓，比较规则，后期上面又生出黑色颗粒状物，这时再切片用显微镜检查。叶片细胞里有菌丝体或子实体，为传染性叶斑病，根据子实体特征再鉴定为哪一种。病斑不规则，轮廓不清，大小不一，查无病菌的则为非传染性病斑。传染性病斑在一般情况下，干燥的多为真菌侵害。斑上有溢出的脓状物，病变组织一般有特殊臭味的，多为细菌侵害。

2.看叶片正面是否生出白粉物

叶片生出白粉物多为白粉病或霜霉病。白粉病在叶片上多呈片状，霜霉病则多呈颗粒状。如黄栌白粉病、葡萄霜霉病。叶片背面（或正面）生出黄色粉状物，多为锈病。如毛白杨锈病、玫瑰锈病、瓦巴斯草锈病等。

3.检查叶片出现的黄绿相间或皱缩变小，节间变短，丛枝、植株矮小情况

出现上述情况多为病毒引起。叶片黄化，整株或局部叶片均匀褪绿，进一步白化，一般由类菌质体或生理原因引起。如翠菊黄化病等。

4.观察阔叶树的枝叶枯黄或萎蔫情况

如果是整株或整枝的，先检查有没有害虫，再取下萎蔫枝条，检查其维管束和皮层下木质部，如发现有变色病斑，则多是真菌引起的导管病害，影响水分输送造成；如果没有变色病斑，可能是茎基部或根部腐烂病或土壤气候条件不好所造成的非传染性病害。如果出现部分叶片尖端焦边或整个叶片焦边，再观察其发展，看是否生出黑点，检查有无病菌。如果发现整株叶片很快都焦尖或焦边，则多由土壤、气候等条件引起。

5.检查松树的针叶

枯黄如果先由各处少量叶子开始，夏季逐渐传染扩大，到秋季又在病叶上生出隔段，上生黑点的则多为针枯病；很快整枝整株全部针叶焦枯或枯黄半截，或者当年生针叶都枯黄半截的，则多为土壤、气候等条件引起。

6.辨别树木花卉干、茎皮层

出现起泡、流水、腐烂情况，局部细胞坏死多为腐烂病，后期在病斑上生出黑色颗粒状小点，遇雨生出黄色丝状物的，多为真菌引起的腐烂病；只起泡流水，病斑扩展不太大，病斑上还生黑点的，多为真菌引起的溃疡病，如杨柳腐烂

病和溃疡病。树皮坏死，木质部变色腐朽，病部后期生出病菌的子实体（木耳等），是由真菌中担子菌引起的树木腐朽病。草本花卉茎部出现不规则的变色斑，发展较快，造成植株枯黄或萎蔫的多为疫病。

7.检查树木根部皮层病变情况

如根部皮层产生腐烂，易剥落的多为紫纹羽病、白纹羽病或根朽病等。前者根上有紫色菌丝层；白纹羽病有白色菌丝层；后期病部生出病菌的子实体（蘑菇等）的多为根朽病；根部长瘤子，表皮粗糙的，多为根癌病；幼苗根际处变色下陷，造成幼苗死亡的，多为幼苗立枯病。一些花卉根部生有许多与根颜色相似的小瘤子，多为根结线虫病，如小叶黄杨根结线虫病。地下根茎、鳞茎、球茎、块根等细胞坏死腐烂的，如表面较干燥，后期皱缩的，多为真菌危害所致；如有溢脓和软化的，多为细菌危害所致。前者如唐菖蒲干腐病，后者如鸢尾细菌性软腐病。

8.检查树干树枝情况

树干和树枝流脂流胶的原因较复杂，一般由真菌、细菌、昆虫或生理原因引起。如雪松流灰白色树脂、油松流灰白色松脂（与生理和树蜂产卵有关）、栾树春天流树液（与天牛、木蠹蛾危害有关）、毛白杨树干破裂流水（与早春温差、树干生长不匀称有关）、合欢流黑色胶（由吉丁虫危害引起）等。

9.观察树木小枝枯梢情况

枝梢从顶端向下枯死，多由真菌或生理原因引起。前者一般先从星星点点的枝梢开始，发展起来有个过程，如柏树赤枯病等；后者一般是一发病就大部或全部枝梢出问题，而且发展较快。

10.辨认叶片、枝或果上出现的斑点

病斑上常有轮纹排列的突破病部表皮的小黑点，由真菌引起，如小叶黄杨炭疽病、兰花炭疽病等。

11.检查花瓣上出现的斑点

花瓣上出现斑点并有发展，沾污花瓣，花朵下垂，多为真菌引起的花腐病。

三、园林植物病虫害综合治理

病虫害防治方针是预防为主，综合治理。综合治理考虑到有害生物的种群动态和与之相关的环境关系，尽可能地协调运用技术和方法，使有害生物种群保持在经济危害水平之下。病虫害综合治理是一种方案，它能控制病虫的发生，避免相互矛盾，尽量发挥有机的调和作用，保持经济允许水平之下的防治体系。

（一）综合治理的特点

综合治理有两大特点：一是它允许一部分害虫存在，这些害虫为天敌提供了必要的食物；二是强调自然因素的控制作用，最大限度地发挥天敌的作用。

（二）综合治理的原则

1.生态原则

病虫害综合治理从园林生态系的总体出发，根据病虫和环境之间的相互关系，通过全面分析各个生态因子之间的相互关系，全面考虑生态平衡及防治效果之间的关系，综合解决病虫危害问题。

2.控制原则

在综合治理过程中，要充分发挥自然控制因素（如气候、天敌等）的作用，预防病虫的发生，将病虫害的危害控制在经济损失水平之下，不要求完全彻底地消灭病虫。

3.综合原则

在实施综合治理时，要协调运用多种防治措施，做到以植物检疫为前提，以园林技术防治为基础，以生物防治为主导，以化学防治为重点，以物理机械防治为辅助，以便有效地控制病虫的危害。

4.客观原则

在进行病虫害综合治理时，要考虑当时、当地的客观条件，采取切实可行的防治措施，如喷雾、喷粉、熏烟等，避免盲目操作所造成的不良影响。

5.效益原则

进行综合治理，目标是实现“三大效益”，即经济效益、生态效益和社会效益。进行病虫害综合治理的目标是以最少的人力、物力投入，控制病虫的危害，获得最大的经济效益；所采用措施必须有利于维护生态平衡，避免破坏生态平衡及造成环境污染；所采用的防治措施必须符合社会公德及伦理道德，避免对人、畜的健康造成损害。

四、园林植物病虫害综合治理方法

（一）植物检疫法

植物检疫是国家或地方行政机关通过颁布法规禁止或限制国与国、地区与地区之间，将一些危险性极大的害虫、病菌、杂草等随着种子、苗木及其植物产品在引进、输出中传播蔓延，对传入的要就地封销和消灭，是病虫害综合防治的一项重要措施。从国外及国内异地引进种子、苗木及其他繁殖材料时应严格遵守有关植物检疫条例的规定，办理相应的检疫审批手续。苗圃、花圃等繁殖园林植物的场所，对一些主要随苗木传播，经常在树木、木本花卉上繁殖和造成危害的，危害性又较大的（如蚧壳虫、蛀食枝干害虫、根结线虫、根癌病等）病虫害，应在苗圃彻底进行防治，严把苗木外出关。

（二）园林技术防治法

病虫害的发生和发展都需要适宜的环境条件。园林技术防治是利用园林栽培技术来防治病虫害的方法，即创造有利于园林植物和花卉生长发育而不利于病虫害危害的条件，促使园林植物生长健壮，增强其抵抗病虫害危害的能力，是病虫害综合治理的基础。如采取选用抗病虫品种、合理的水肥管理、实行轮作和植物合理配置、消灭病原和虫源等措施，及时清除病叶及虫枝，并加以妥善处理，减少侵染来源。

（三）物理机械和引诱剂法

利用简单的工具及物理因素（如光、温度、热能、放射能等）来防治害虫的方法，称为物理机械防治。物理机械防治的措施简单实用，容易操作，见效快，可以作为害虫大发生时的一种应急措施。特别对于一些化学农药难以解决的害虫或发生范围小时，往往是一种有效的防治手段。

1.人工捕杀

人工捕杀是利用人力或简单器械，捕杀有群集性、假死性的害虫。例如，用竹竿打树枝振落金龟子，组织人工摘除袋蛾的越冬虫囊，摘除卵块，发动群众于清晨到苗圃捕捉地老虎，以及利用简单器具钩杀天牛幼虫等，都是行之有效的措施。

2.诱杀法

诱杀法是指利用害虫的趋性设置诱虫器械或诱物诱杀害虫，利用此法还可以预测害虫的发生动态。常见的诱杀方法有以下几种：

（1）灯光诱杀

灯光诱杀是利用害虫的趋光性，人为设置灯光来诱杀防治害虫。目前生产上所用的光源主要是黑光灯，此外，还有高压电网灭虫灯。黑光灯是一种能辐射出360纳米紫外线的低气压汞气灯，而大多数害虫的视觉神经对波长330～400纳米的紫外线特别敏感，具有较强的趋性，因而诱虫效果很好。利用黑光灯诱虫，除能消灭大量虫源外，还可以用于开展预测预报和科学实验，进行害虫种类、分布和虫口密度的调查，为防治工作提供科学依据。安置黑光灯时应以安全、经济、简便为原则。黑光灯诱虫时间一般在5～9月份，灯要设置在空旷处，选择闷热、无风、无雨、无月光的夜晚开灯，诱集效果最好，一般以晚上9：00—10：00诱虫最好。设灯时易造成灯下或灯的附近虫口密度增加，因此应注意及时消灭灯光周围的害虫。除黑光灯诱虫外，还可以利用蚜虫对黄色的趋性，用黄色光板诱杀蚜虫及美洲斑潜蝇成虫等。

（2）毒饵诱杀

利用害虫的趋化性在其所嗜好的食物中（糖醋、麦麸等）掺入适当的毒剂，制成各种毒饵诱杀害虫。例如，蝼蛄、地老虎等地下害虫，可用麦麸、谷糠等作饵料，掺入适量敌百虫或其他药剂制成毒饵来诱杀。所用配方一般是饵料100份、毒剂1～2份、水适量。另外，诱杀地老虎、梨小食心虫成虫时，通常以糖、酒、醋作饵料，以敌百虫作毒剂来诱杀。所用配方是糖6份、酒1份、醋2～3份、水10份，再加适量敌百虫。

（3）饵木诱杀

许多蛀干害虫如天牛、小蠹虫、象虫、吉丁虫等喜欢在新伐倒不久的倒木上产卵繁殖。因此，在成虫发生期间，在适当地点设置一些木段，供害虫大量产卵，待新一代幼虫完全孵化后，及时进行剥皮处理，以消灭其中害虫。例如，在山东泰安岱庙内，每年用此方法诱杀双条杉天牛，取得了明显的防治效果。

（4）植物诱杀

植物诱杀或称作物诱杀，即利用害虫对某种植物有特殊嗜好的习性，经种植后诱集捕杀的一种方法。例如，在苗圃周围种植蓖麻，使金龟子误食后麻醉，可以集中捕杀。

（5）潜所诱杀

利用某些害虫的越冬潜伏或白天隐蔽的习性，人工设置类似环境诱杀害虫。注意诱集后一定要及时消灭。例如，有些害虫喜欢选择树皮缝、翘皮下等处越冬，可于害虫越冬前在树干上绑草把，引诱害虫前来越冬，将其集中消灭。

3.阻隔法

人为设置各种障碍，切断病虫害的侵害途径，称为阻隔法。

（1）涂环法

对有上下树习性的害虫可在树干上涂毒环或胶环，从而杀死或阻隔幼虫。多用于树体的胸高处，一般涂2～3个环。

（2）挖障碍沟

对于无迁飞能力只能靠爬行的害虫，为阻止其危害和转移，可在未受害植株周围挖沟；对于一些根部病害，也可以在受害植株周围挖沟，阻隔病原菌的蔓延，以达到防治病虫害传播蔓延的目的。

（3）设障碍物

设障碍物主要防治无迁飞能力的害虫。如枣尺蠖的雌成虫无翅，交尾产卵时只能爬到树上，可在其上树前于树干基部设置障碍物阻止其上树产卵。

（4）覆盖薄膜

覆盖薄膜能增产，同时也能达到防病的目的。许多叶部病害的病原物是在病残体上越冬的，花木栽培地早春覆膜可大幅度减少叶病的发生。因为薄膜对病原物的传播起了机械阻隔作用，覆膜后土壤温度、湿度提高，加速病残体的腐烂，减少了侵染来源。如芍药地覆膜后，芍药叶斑病大幅减少。

4.其他杀虫法

利用热水浸种、烈日暴晒、红外线辐射等方法，都可以杀死在种子、果实、木材中的病虫；根据某些害虫的生活习性，应用光、电、辐射、人工等物理手段防治害虫；利用高温处理，可防治土壤中的根结线虫；利用微波辐射可防治蛀干害虫。设置塑料环可防治草履蚧、松毛虫等；人工捕捉，采摘卵块虫包，刷除虫或卵，刺杀蛀干害虫，摘除病叶病梢，刮除病斑，结合修剪去除病虫枝、干等。

（四）生物防治法

用生物及其代谢产物来控制病虫的方法，称为生物防治，主要有以虫治虫、以微生物治虫或治病、以鸟治虫等。生物防治法不但可以改变生物种群的组成成分，而且能直接消灭大量的病虫；对人、畜、植物安全，不杀伤天敌，不污染环境，不会引起害虫的再次猖獗和形成抗药性，对害虫有长期的抑制作用；生物防治的自然资源丰富，易于开发，且防治成本低，是综合防治的重要组成部分和主要发展方向。但是，生物防治的效果有时比较缓慢，人工繁殖技术较复杂，受自然条件限制较大。害虫的生物防治主要是保护和利用天敌、引进天及进行人工繁殖与释放天敌控制害虫发生。

生物防治还包括鸟类等其他生物的利用，鸟类绝大多数以捕食害虫为主。目前，以鸟治虫的主要措施是保护鸟类，严禁在城市风景区、公园打鸟；人工招引及人工驯化等。如在林区招引大山雀防治马尾松毛虫，招引率达60%，对抑制松毛虫的发生有一定的效果。蜘蛛、捕食螨、两栖动物及其他动物，对害虫也有一定的控制作用。例如，蜘蛛对控制南方观赏茶树（金花茶、山茶）上的茶小绿叶蝉起着重要的作用；而捕食螨对酢浆草岩螨、柑橘红蜘蛛等螨类也有较强的控制力。一些真菌、细菌、放线菌等微生物，在它的新陈代谢过程中分泌抗生素，可杀死或抑制病原物。这是目前生物防治研究中的一个重要内容。如哈茨木霉菌能分泌抗生素，杀死、抑制茉莉白绢病病菌。又如菌根菌可分泌萜烯类等物质，对许多根部病害有拮抗作用。保护和利用病虫害的天敌是生物防治的重要方法。主要天敌有：天敌昆虫、微生物和鸟类等。天敌昆虫分寄生性和捕食性两类。寄生性天敌主要有赤眼蜂、跳小蜂、姬蜂、肿腿蜂等。捕食性天敌主要有螳螂、草蛉、瓢虫、蟢象等。增植蜜源（开花）植物、鸟食植物，有利于各种天敌生存发展。选择无毒或低毒药剂，避开天敌繁育高峰期用药等，有利于天敌生存。

（五）生物农药防治法

生物农药作用方式特殊，防治对象比较专一，对人类和环境的潜在危害比化学农药要小，因此特别适用于园林植物害虫的防治。

1.微生物农药

以菌治虫，就是利用害虫的病原微生物来防治害虫。可引起昆虫致病的病原微生物主要有细菌、真菌、病毒、立克次氏体、线虫等。目前，生产上应用较多的是病原细菌、病原真菌和病原病毒三类。利用病原微生物防治害虫，具有繁殖快、用量少、不受园林植物生长阶段的限制、持效期长等优点。近年来，其作用范围日益扩大，是目前园林害虫防治中最有推广应用价值的类型之一。

2.生化农药

生化农药指那些经人工合成或从自然界的生物源中分离或派生出来的化合物，如昆虫信息素、昆虫生长调节剂等，主要来自昆虫体内分泌的激素，包括昆虫的性外激素、昆虫的蜕皮激素及保幼激素等内激素。在国外已有100多种昆虫激素商品用于害虫的预测预报及防治工作，我国已有近30种性激素用于梨小食心虫、白杨透翅蛾等昆虫的诱捕、迷向及引诱绝育法的防治。现在我国应用较广的昆虫生长调节剂有灭幼脲I号、II号、II号等，对多种园林植物害虫如鳞翅目幼虫、鞘翅目叶甲类幼虫等具有很好的防治效果。有一些由微生物新陈代谢过程中产生的活性物质，也具有较好的杀虫作用。例如，来自浅灰链霉素抗性变种的杀蚜素，对蚜虫、红蜘蛛等有较好的毒杀作用，且对天敌无毒；来自南昌链霉素的南昌霉素，对菜青虫、松毛虫的防治效果可达90%以上。

（六）化学防治法

化学防治是指用农药来防治害虫、病害、杂草等有害生物的方法。害虫大发生时可使用化学药剂压低虫口密度，具有收效快、防治效果好、使用方法简单、受季节限制较小、适合于大面积使用等优点。但也有明显的缺点如抗药性、再猖獗及农药残留。长期对同一种害虫使用相同类型的农药，使某些害虫产生不同程度的抗药性；用药不当杀死了害虫的天敌，从而造成害虫的再度猖獗危害；农药在环境中存在残留毒性，特别是毒性较大的农药，对环境易产生污染，破坏生态平衡。施药方法主要有喷雾、土施、注射、毒土、毒饵、毒环、拌种、飞机喷药、涂抹、熏蒸等。

施药时的注重事项。①在城区喷洒化学药剂时，应选用高效、无毒、无污染、对害虫的天敌也较安全的药剂。控制对人毒性较大、污染较重、对天敌影响较大的化学农药的喷洒。用药时，对不同的防治对象，应对症下药，按规定浓度和方法准确配药，不得随意加大浓度。②抓准用药的最有利时机（既是对害虫防效最佳时机，又是对主要天敌较安全期）。③喷药均匀周到，提高防效，减少不必要的喷药次数；喷洒药剂时，必须注意行人、居民、饮食等安全，防治病虫害的喷雾器和药箱不得与喷除草剂合用。④注意不同药剂的交替使用，减缓防治对象抗药性的产生。⑤尽量采取兼治，减少不必要的喷药次数。⑥选用新药剂和方法时，应先试验。证明有效和安全时，才能大面积推广。

（七）外科治疗法

一些园林树木常受到枝干病虫害的侵袭，尤其是古树名木由于历尽沧桑，病虫害的危害已经形成大大小小的树洞和创痕。对于此类树木可通过外科手术治疗，对损害树体实行镶补后使树木健康地成长。常见的方法有以下几种：

1.表层损伤的治疗

表皮损伤修补是指树皮损伤面积直径在10厘米以上的伤口的治疗。基本方法是用高分子化合物（聚硫密封胶）封闭伤口。在封闭之前对树体上的伤疤进行清洗，并用硫酸铜30倍液喷涂两次（间隔30分钟），晾干后密封（气温23℃±2℃时密封效果好）。最后用粘贴原树皮的方法进行外表装修。

2.树洞的修补

首先对树洞进行清理、消毒，把树洞内积存的杂物全部清除，并刮除洞壁上的腐烂层，用硫酸铜30倍液喷涂树洞消毒，30分钟后再喷1次。若壁上有虫孔，可注射氧化乐果50倍液等杀虫剂。树洞清理干净、消毒后，树洞边材完好时，采用假填充法修补，即在洞口上固定钢板网，其上铺10～15厘米厚的10胶水泥砂浆（沙：水泥：107胶：水=4：2：0.5：1.25），外层用聚硫密封胶密封，再粘贴树皮。树洞大，边材部分损伤，则采用实心填充，即在树洞中央立硬杂木树桩或水泥柱做支撑物，在其周围固定填充物。填充物和洞壁之间的距离以5厘米左右为宜，树洞灌入聚氨酯，把填充物和洞壁粘成一体，再用聚硫密封胶密封，最后粘贴树皮进行外表修饰。修饰的基本原则是随坡就势，因树作形，修旧如故。

3.外部化学治疗

对于枝干病害可以采用外部化学手术治疗的方法，即先用刮皮刀将病部刮去，然后涂上保护剂或防水剂。常用的伤口保护剂是波尔多液。

（八）园林树木害虫防治方法

防治树木害虫多采用喷药法，其虽有一定的防治效果，但大量药液弥散于空气中污染环境，容易造成人畜中毒，且对桑天牛、光肩星天牛、蒙古木蠹蛾等蛀干害虫一般喷药方法很难奏效，必须采用特殊方法。针对以上病害的防治方法如下：

1.树干涂药法

防治柳树、刺槐、山楂、樱桃等树上的蚜虫、金花虫、红蜘蛛和松树类上的蚧壳虫等害虫，可在树干距地2米高部位涂抹内吸性农药，如氧化乐果等，防治效果可达95%以上。此法简单易行，若在涂药部位包扎绿色或蓝色塑料纸，药效更好。塑料纸在药效显现5～6天后解除，以免包扎处腐烂。

2.毒签插入法

将事先制作的毒签插入虫道后，药与树液和虫粪中的水分接触产生化学反应形成剧毒气体，使树干内的害虫中毒死亡。将磷化锌11%、阿拉伯胶58%、水31%配合，先将水和胶放入烧杯中，加热到80℃，待胶溶化后加入磷化锌，拌匀后即可使用。使用时用长7～10厘米、直径0.1～0.2厘米的竹签蘸药，先用无药的一端试探蛀孔的方向、深度、大小，后将有药的一端插入蛀孔内，深4～6厘米，每个蛀孔插1支。插入毒签后用黄泥封口，以防漏气，毒杀钻蛀性害虫的防治效果达90%以上。

3.树干注射法

天牛、柳瘿蚊、松梢螟、竹象虫等蛀害树木树干、树枝、树木皮层，用打针注射法防治效果显著。可用铁钻在树干离地面20厘米以下处打孔3～5个（具体钻孔数目根据树体的大小而定），孔径0.5～0.8厘米，深达木质部3～5厘米。注射孔打好后，用兽用注射器将内吸性农药如氧化乐果、杀虫双等缓缓注入注射孔。注药量根据树体大小而定，一般是高为2.5米、冠径为2米左右的树，每株注射原药1.5～2毫升，幼树每株注射原药1～1.5毫升，成年大树可适当增加注射量，每株注射原药2～4毫升，注药1周内害虫即可大量死亡。

4.挂吊瓶法

给树木挂吊瓶是指在树干上吊挂装有药液的药瓶，用棉绳棉芯把瓶中的药液通过树干中的导管输送到枝叶上，从而达到防治的目的。此法适合于防治各种蚜虫、红蜘蛛、蚧壳虫、天牛、吉丁虫等吸汁、蛀干类害虫等。挂瓶方法是，选树主干用木钻钻一小洞，洞口向上并与树干呈45°的夹角，洞深至髓心；把装好药液的瓶子钉挂在洞上方的树干上，将棉绳拉直。针对不同害虫，选择具有较高防效的内吸性农药，从树液开始流动到冬季树体休眠之前均可进行，但以4～9月份的效果最好。

5.根部埋药法

一是直接埋药。用3%呋喃丹农药，在距树0.5～1.5米的外围开环状沟，或开挖2～3个穴，1～3年生树埋药150克左右，4～6年生树埋药250克左右，7年生以上树埋药500克左右，可明显控制树木害虫，药效可持续2个月左右。尤其对蚜虫类害虫防治效果很好，防治松梢螟效果可达95%。二是根部埋药瓶。将40%氧化乐果5倍液装入瓶子，在树干根基的外围地面，挖土让树根暴露，选择香烟粗细的树根剪断根梢，将树根插进瓶里，注意根端要插到瓶底，然后用塑料纸扎好瓶口埋入土中，通过树根直接吸药，药液很快随导管输送到树体，可有效防治害虫。

（九）园林病虫害冬季治理措施

园林植物病虫害的越冬场所相对固定、集中，在防治上是一个关键时期。因此，研究病虫害的越冬方式、场所，对于其治理措施的制定具有重要意义。

1.病害的越冬场所

（1）种苗和其他

繁殖材料带病的种子、苗木、球茎、鳞茎、块根、接穗和其他繁殖材料是病菌、病毒等病原物初侵染的主要来源。病原物可附着在这些材料表面或潜伏其内部越冬，如百日菊黑斑病、瓜叶菊病毒病、天竺葵碎锦病等。带病繁殖材料常常成为绿地、花圃的发病中心，生长季节通过再侵染使病害扩展、蔓延，甚至造成流行。

（2）土壤

土壤对于土传病害或根部病害是重要的侵染来源。病原物在土壤中休眠越冬，有的可存活数年，如厚垣孢子、菌核、菌索等。土壤习居菌腐生能力很强，可在寄主残体上生存，还可直接在土壤中营腐生生活。引起幼苗立枯病的腐霉菌和丝核菌可以腐生方式长期存活于土壤中。在肥料中如混有未经腐熟的病株残体，其常成为侵染来源。

（3）病株残体

病原物可在枯枝、落叶、落果上越冬，翌年侵染寄主。

病株的存在，也是初侵染来源之一。多年生植物一旦染病后，病原物就可在寄主体内存留，如枝干锈病、溃疡病、腐烂病，可以营养体或繁殖体在寄主体内越冬。温室花卉由于生存条件的特殊性，其病害常是露地花卉的侵染来源，如多种花卉的病毒病、白粉病等。

2.虫害的越冬场所

虫害以各种方式在树基周围的土壤内、石块下、枯枝落叶层中、寄主附近的杂草上越冬，如日本履绵蚧、美国白蛾、尺蛾类、美洲斑潜蝇、杜鹃三节叶蜂、棉卷叶野螟、月季长管蚜、霜天蛾。以卵等形态在寄主枝叶上、树皮缝中、腋芽内、枝条分杈处越冬，如大青叶蝉、紫薇长斑蚜、绣线菊蚜、日本纽绵蚧、考氏白盾蚧、水木坚蚧、黄褐天幕毛虫。以幼虫在植物茎、干、果实中越冬，如星天牛、桃蛀螟、亚洲玉米螟。以其他方式越冬：小蓑蛾以幼虫在护囊中越冬；多数枣蛾以幼虫在枝条或植物根际做茧越冬；蛴螬、蝼蛄、金针虫等地下害虫喜在腐殖质中越冬。

3.治理措施

对带有病虫的植物繁殖材料，须加强检疫，进行处理，杜绝来年种植扩大蔓延。以球茎、鳞茎越冬的繁殖材料，收前应避免大量浇水，要在晴天采收，减少伤口，剔除有病虫的材料后在阳光下暴晒几日；贮窖要预先消毒、通气，贮存温度5℃，空气相对湿度70%以下。用辛硫磷、甲基异柳磷、五氯硝基苯、代森锌等农药处理土壤。农家杂肥要充分腐熟，以免病株残体将病原物带入，防止蝼蛄、蛴螬、金针虫繁衍滋生。接近封冻时，对土壤翻耕，使在土壤中越冬的害虫受冻致死，改变好气菌、厌氧菌的生存环境，降低土壤含虫、含菌量。翻耕深度以20～30厘米为宜。

把种植园内有病虫的落枝、落叶、杂草、病果处理干净，集中烧毁、深埋，可减少大量病虫害。对有病虫的植株，结合冬季修剪，消灭病虫。将病虫枝剪掉，集中烧毁；用牙签剔除受精雌蚧壳虫外壳，人工摘除枝条上的刺蛾茧；刮除在树皮缝、树疤内、枝杈处的越冬害虫、病菌；对有下树越冬习性的害虫可在其下树前绑草诱集，集中杀灭。冬季树干涂白，以两次为好，第一次在落叶后至土壤封冻前进行，第二次在早春进行，此法可减轻日灼、冻害。如加入适量杀虫、杀菌剂，还可兼治病虫害。植物发芽前喷施晶体石硫合剂50～100倍液，既可杀灭病菌，又可杀除在枝条、腋芽、树皮缝内的蚜、蚧、螨的虫体及越冬卵。

在使用涂白剂前，最好先将林园行道树的树木用枝剪剪除病枝、弱枝、老化枝及过密枝，然后将剪下来的树枝收集起来予以烧毁，并且把折裂、冻裂处用塑料薄膜包扎好。在仔细检查过程中如发现枝干上已有害虫蛀入，要用棉花浸药把害虫杀死后再进行涂白处理。涂白部位主要在离地1～1.5米处。如老树更新后，为防止日晒，则涂白位置应升高，或全株涂白。

第四章　园林植物的肥水管理及整形修剪

第一节　树体养护

树体养护是对树体本身进行的保养措施，主要内容有树干伤口的处理、树洞的处理、树木的支撑和树干的涂白等。

一、树干伤口的处理

对于树木枝干上因低温、日灼、病虫、鼠、鸟和人畜破坏造成的各种伤口，必须及时进行处理。先用锋利的刀刮净削平伤口的四周，如已腐烂，应削过腐烂部分直至活组织中，使皮层边缘成弧形，然后用2%的硫酸铜液或5° Be的石硫合剂液进行消毒，最后涂上保护剂，预防伤口腐烂，并促其愈合。保护剂有桐油和接蜡等。液体接蜡是用松香（64%）、油脂（8%）、酒精（24%）、松节油（4%）熬制而成的。此外还可用黏土2份、牛粪1份，并加少量羊毛和石硫合剂用水调成保护剂就地应用，效果较好。

皮层腐烂不能愈合连接的可用植皮法。先去掉皮层腐烂部分，将伤口上下端健康皮层掀开3.3厘米左右，然后取两块新鲜皮层，一块相当于伤口面积大小，反贴于伤口处，另一块（比伤口长6.6厘米）正贴于第一块皮层上，并将上下端插入掀开的皮层中，再用铁钉钉实，外用薄膜包扎，让其生长愈合。疏枝形成的伤口等应立即将切面削平，涂上保护剂，防止腐烂。有的大枝因某些原因造成劈裂或破伤，应及时采取撑、吊、绑等措施使其恢复原位并固定，让其愈合。

二、树洞的处理

（一）树洞形成的原因

树木在长期的生命历程中，经常要经受各种人为或自然灾害的伤害，造成树皮创伤，如未对这些伤口及时采取保护、治疗和修补措施，经过长期雨水浸蚀、病菌寄生繁殖和蛀干害虫的蚕食，伤口逐渐扩大，最后形成树洞。树洞不仅影响林木的生长发育，降低树体的机械强度，缩短树木的寿命，而且有碍观瞻。

（二）树洞处理的目的和原则

树洞处理的主要目的是阻止树木的进一步腐朽，清除各种病菌、蛀虫、蚂蚁、白蚁、蜗牛和啮齿类动物的繁殖场所，重建一个保护性的表面；同时，通过树洞内部的支撑，增强树体的机械强度，提高其抗风倒雪压的能力，并改善观赏效果。树木具有一定的抵御有害生物入侵的能力，其特点是在健康组织与腐朽心材之间形成障壁保护系统。树洞处理并非一定要根除腐朽心材和杀灭所有的寄生生物，因为这样做必将去掉这一层障壁，造成新的创伤，且降低树体的机械强度。因此，树洞处理的原则是阻止腐朽的发展而不是根除，在保持障壁层完整的前提下，清除已腐朽的心材，进行适当的加固和填充，最后进行洞口的整形、覆盖和美化。

（三）树洞处理的步骤和方法

1.清理

用凿和刀等工具从洞口开始逐渐向内清除已腐朽或虫蛀的木质部，要注意保护障壁层。通常木材已变色，但质地较硬的部分就是障壁层所在，因此，清理时对于已完全变黑变褐、松软的心材要去掉，对已变色而未完全腐朽的要保留。对于已基本愈合封口的树洞，可不进行树洞清理，但应向洞内注入消毒剂，以阻止内部的进一步腐朽。

2.整形

树洞整形分内部整形和洞口整形。内部整形是为了消灭水袋，防止积水。对较浅的树洞，如果洞口高里面低，可切除洞口树皮的外壳，使洞底向外向下倾斜。有些较深的树洞，可在洞的下方斜向上用电钻打一通道，直达洞内最低处，钻孔要保证通道最短，在通道内安排水管，管的出口稍突于树皮。如果树洞的底面低于地面，可在其内塞入填充物，使洞底高于地平面10 ~ 20厘米。洞口整形最好保持其自然轮廓线。在不破坏形成层、不制造新的创伤的情况下，尽量使洞口呈长椭圆形，长轴与树高方向一致。

3.树洞的加固

通常小树洞对树木的机械强度影响不大，不需加固。大树洞有时需要加固，以增强洞壁的刚性，使以后的填充材料更加牢固。树洞加固可用螺栓或螺钉，先用电钻打孔，所用螺栓和螺钉的长度要适宜，保证加固后螺帽不突出形成层，以利愈伤组织覆盖其表面，所有的钻孔都要消毒并用树木涂料覆盖。

4.消毒和涂漆

树洞清理后，用木馏油或3%的硫酸铜溶液涂抹洞内外表面，进行消毒，然后再刷上油漆。

5.填充

树洞填充可以阻止木材的进一步腐朽，增强树洞的机械强度，改善树体的美观效果。过去在进行树洞填充时，多使用水泥等硬质材料做填充物，水泥坚硬、比重大、膨胀系数与木材不同，填充物的周围常存在间隙，给病菌侵入创造机会，同时随着树体的摇晃，坚硬的水泥可能挤破树干，因此，许多城市绿化工作者认为树洞填充弊多利少。

不过，随着一些高分子填充材料的研制成功和投入使用，这一状况将很快发生改变，树洞填充的优越性将突显出来。为了更好地固定填料，填充前可在经过清理、消毒的树洞内壁钉一些平头钉，一半钉入木材，另一半与填料浇注在一起。现阶段，填充材料常见的有水泥、沥青和聚氨酯塑料等。

水泥填料是将水泥、细砂和卵石按1：2：3的比例加水调制，大树洞要分层分批注入，中间用油毛毡隔开。水泥填料可用于小树洞，特别是干基或大根的空洞填充，这些位置一般不会因为树体摇摆而挤破洞壁。沥青填料是由1份沥青熔化后加入3 ~ 4份锯末或木屑混合制成，注入时注意不要弄脏树体和周围的环境。聚氨酯塑料、弹性环氧胶等是近年来推出的新型高分子材料，它们的共同特点是坚韧结实、有弹性、与木材的黏合性好，且重量轻、易灌注，同时具有杀菌作用，因而在生产中应用越来越普遍，代表了树洞填充材料的发展方向。

6.树洞覆盖

有些树木的树洞，木质部严重腐朽，洞壁已十分脆弱，进行广泛的凿铣清理和填充加固已不可能，为了延缓进一步的腐朽和美化树洞，可对树洞进行覆盖。方法是先按前述方法进行必要的清理、消毒和涂漆，然后在洞口周围用利刀切出一条1.5厘米左右宽的树皮带，露出木质部，深度以覆盖物略低于或平于形成层为准。在切削部涂上紫胶漆后在洞口盖一张大纸，裁成与切口边缘相吻合的图形，根据此图形裁制一块镀锌铁皮或铜皮，背面涂上沥青或焦油后将铁皮或铜皮钉在露出的木质部上。最后在覆盖物的表面涂漆防水。

三、树木的支撑

栽植较大的树木时，一般要进行树干支撑，但新栽树木在根系未扎牢前，因风吹雨打可能造成土陷树歪，应及时扶正，重新支撑。一般在下过透雨后必须进行一次全面检查，树干动摇的应松土夯实；树穴泥土下沉缺土的，应及时覆土填平，防止雨后积水引起烂根；树穴泥土堆得过高的要耙平，防止深埋影响根系发育；如果支撑树木的扶木已松动，要重新绑扎加固；如果树木栽植不久就倾斜，应立即扒开原填的土壤扶正；在生长季节由于下雨、灌溉或土体沉降而倾斜的，暂时不扶正，在秋末树木进入休眠后再扶正。方法是在树木倾斜的一侧沿原栽植穴的坑壁向下挖沟至穴底，再向内掏底土至树干的下方，用锹或木板伸入底沟向上撬起，向底沟塞土压实，保证在抽出锹或木板后树木直立，最后回土踩实。如果倾斜的树木栽植浅，可按上法在倾倒方向的反侧挖沟至穴底，再向内掏土至稍超过树干中轴线，将掏土一侧的根系下压，保证树干直立，再回土踩实即可。对于已完全倒伏的树木必须重新栽种。在树木扶正或重新栽植后，仍要设立支撑物。定植多年的大树或古树如有树干倾斜不稳的，要设立支柱。树木的侧枝过长下垂，影响树形或易遭风害雪压的，要顶枝。果树结果多，可能压垮枝条的，一般采用吊枝的办法。树木支撑要注意支撑点树皮的保护，要在树干或枝条的支撑点处加上软垫，以免损伤树皮。

四、树干的涂白

树干涂白的目的是防治病虫害，减轻低温危害和日灼伤害，延迟树木萌发且美化树干。树干涂白可以反射阳光，减少热能吸收，在夏秋可减轻日灼，冬春可减轻冻害。涂白剂的配方各地不一，常用的配方为：水72%，生石灰22%，石硫合剂和食盐各3%，均匀混合即可。在南方多雨地区，每50千克涂白剂加入桐油0.1千克，以提高涂白剂的附着力。

五、树体养护技术

（一）移前修剪法提高成活率

此法特别适合反季节绿化（5～9月份），如夏季移植红叶李等难植树种，提前7～10天修剪，枝条损失的水分和营养及时由根部补充，维持水分平衡。待小芽刚萌发时起树移植，缩短苗木康复期。需要注意三点：一是重复修剪减少水分蒸发，修剪量为3/4以上修剪方式为（疏枝与短截）；二是适当加大土球；三是适当摘叶控制叶面水分蒸发。配合移前摘花、摘果效果更好。

（二）移前吊瓶输液强化树体营养

此法适合名贵树种反季节移植，如银杏、对节白腊、广玉兰等。在移植前几天输入生根粉等营养液，也可自制营养液，用医用葡萄糖05%（原液），也可起到很好的作用。用凉开水或矿泉水最好。这种移前进补能提前补充水分及植物营养，促进移栽树的营养积累，以备后期之需，能有效确保树木成活。

（三）大树移植设置排水孔

可用直径18～20厘米塑料管，长度1.5米左右，埋设于树木土球边缘，与树干夹角50°～60°。对于怕水湿的树种，种植点在高水位地区，雨季可用小塑料桶人工排水。如白皮松、雪松、油松、造型黑松、银杏、马褂木、广玉兰等，有良好的排水降渍效果。雨季排水应作为养护重点，掌握好水的供应平衡。

（四）树木缺铁黄化的防治

一是用10%硫酸亚铁水溶液涂刷树干，可以通过树皮增加铁的吸收。二是向树叶喷洒尿素铁溶液，配制方法是1吨水加5千克尿素、3千克硫酸亚铁，叶面喷洒，1周后再喷1次效果更好，适用于法桐、银杏、油松、黑松等缺铁的防治。

（五）最好的抗蒸腾剂——黄腐酸

反季节绿化的重要环节是控制叶面水分蒸发。目前国内生产的各种抗蒸腾剂，一般都不标明成分，也有从国外进口的，也不标明成分。FA是黄腐酸的代号，是我国的发明，把国产的黄腐酸应用于大树移植也是一种捷径，只是需要进行使用浓度的试验。树种不同，季节不同，地区不同，用量也应该不同。叶片正反面都要喷，特别是反面，因为气孔主要在叶子背面，建议叶面喷洒浓度为1%左右。

（六）苗圃扦插——最好用泥炭和蛭石扦插苗木

经我们多年实践试验，泥炭1/2+蛭石1/2可扦插各种苗木，如大叶黄杨、金银木、石榴、木槿，成活率高于其他基质。用蛭石1/3、混炭1/3、沙土1/3，也有很好的扦插效果。

（七）大树生根肥防治假活

长效促根介质土，有效成分为英联生根剂、生长素、蛭石、黄腐酸，其特色是通透性好，长效促根效果明显。大树生根肥对新芽回抽假活早期和中期施用效果好。在土壤外缘根际处边缘挖两三个洞穴，施入大树生根肥，一般1周萌发新叶。盐碱地可用大树生根改良肥专用配方。

（八）栽培银杏要控水管理

银杏适生于水分偏低的土壤，栽培地点选地势高、排水容易的地段。过量的大水浸灌会造成其根系死亡。银杏最喜欢保水力强的沙土、壤土。银杏栽培不管什么季节都宜带土球栽植，我们10年大树移植的经验是栽后10天内不用浇水，这种控水法栽培的银杏成活率能达到100%。

（九）自制简易容器基质

筐苗基质配方：蛭石22%，泥炭30%，珍珠岩2%，过磷酸钙4%，细土25%，腐酸15%，基酸1%。用这种基质栽培假植苗，操作简单，取材容易。这种自制筐苗须根多，由于经过了二次移栽，工地成活率会大幅度提高。

（十）控制树体水分蒸发的好办法

反季节移植，控制树体水分蒸发，可在树干四周用草帘子绑扎，然后用塑料薄膜捆绑，也可用此方法防寒。关键点是要在塑料薄膜上捅若干小孔适当透气，这种方式比单用塑料薄膜效果要好，草帘子（好于草绳）可以调控膜内水分及温度，从而很好地保存树体水分，为树木成活创造了基本条件。

（十一）栽植深度与浇水的科学

树木栽植深度直接影响树木成活率。树穴土壤下沉系数要准确预测，这是确定栽植深度的关键。种植过深或树盘表面浮土过多，会造成根系窒息引起树木死亡。所以一般栽植深度不宜超过苗木根颈5厘米，带土球栽植应与地面一致或稍高于地面为宜。浇水要透，第一次浇水务必浇透，土壤中水气和谐有利于新根扩展。浇水过大会造成树木烂根死亡。我们的经验：胸径20厘米的大树，树盘水圈应在直径1.5米左右，水浇满20分钟才能渗完，这是浇透的标准。浇水还要区别耐湿耐干旱树种，按树种生态习性进行养护和管理，达到因树管理的效果。

（十二）细节决定成活率

提高树木成活率是一项综合性技术，各种小技术体现出细节决定成败。适地适树，选择合适的植物。种植前应对土壤的理化性质进行化验分析，盐碱土应重点化验含盐量pH值。因树管理，按树木的生态习性进行管理，不可忽视栽植与管理的每个细节，不可忽视立地条件的差异，从调控水分、土壤空气及根部营养入手。种树就是养根，细节决定成活率。

第二节　园林植物的肥水管理

一、园林植物的施肥管理

园林植物的生长需要不断从土壤中吸收营养元素，而土壤中含有营养元素的数量是有限的，势必会逐渐减少，所以必须不断地向土壤中施肥，以补充营养元素，满足园林植物生长发育的需要，使园林树木生长良好。

（一）植物生长所需元素与缺素症

除碳、氢、氧以外，还有氮、磷、钾、钙、镁、硫、铁、铜、硼、锌、锰、钼、氯等13种元素是植物生长发育必不可少的。植物一旦缺少这些元素就会表现出相应的症候，即植物的缺素症。

（1）缺氮

植物黄瘦、矮小；分蘖减少，花、果少而且易脱落。由于氮元素可以从老叶转移到新叶重复利用，所以会出现老叶发黄，植株则表现为从下向上变黄。相反，如果氮元素过量也会引起植物徒长，表现为节间伸长，叶大而深绿，柔软披散，茎部机械组织不发达，易倒伏。

（2）缺磷

细胞分裂受阻，幼芽、幼叶停长，根纤细，分蘖变少，植株矮小，花果脱落，成熟延缓，叶片呈现不正常的暗绿色或紫红色。由于磷元素也可以移动，老叶最先出现受害状。相反，如果磷元素过量，也会有小斑点，是磷沉淀所致。还可以引起缺锌、缺硅，禾本科缺硅易倒伏。

（3）缺钾

茎柔弱，易倒伏；抗旱和抗寒能力降低；叶片边缘黄化、焦枯、碎裂；叶脉间出现坏死斑点，也是最先表现于老叶。

（4）缺钙

幼叶呈淡绿色，继而叶尖出现典型的钩状。随后死亡。

（5）缺镁

叶片失绿，叶肉变黄，叶脉仍呈明显的绿色网状，与缺氮有区分。

（6）缺硫

幼叶表现为缺绿，均匀失绿，呈黄色并脱落。

（7）缺铁

幼叶失绿发黄，甚至变为黄白色，下部老叶仍为绿色。若土壤中铁元素丰富，植物还是表现出缺铁症状，可能是由于土壤呈碱性，铁离子被束缚。

（8）缺硼

受精不良，籽粒减少，根、茎尖分生组织受害死亡。如苹果的缩果病。

（9）缺铜

叶子生长缓慢，呈蓝绿色，幼叶失绿随即发生枯斑，气孔下形成空腔，使叶片蒸发枯干而死。

（10）缺钼

叶片较小，脉间失绿，有坏死斑点，叶缘焦枯向内卷曲。

（11）缺锌

苹果、梨、桃易发生小叶病，且呈丛生状，叶片出现黄色斑点。

（12）缺锰

叶脉呈绿色而脉间失绿，与缺铁症状有区分。

（13）缺氯

叶片萎蔫失绿坏死，最后变为褐色，根粗短，根尖呈棒状。

（二）肥料的种类

1.有机肥

有机肥来源广泛、种类繁多，常用的有堆沤肥、粪尿肥、厩肥、血肥、饼肥、绿肥、泥炭和腐殖酸类等。有机肥料的优点是，不仅可以提供养分还可以熟化土壤；缺点是虽然成分丰富但有效成分含量低，施用量大而且肥效迟缓，还可能给环境带来污染。

2.无机肥

无机肥即通常所说的化肥。按其所含营养元素分为氮肥、磷肥、钾肥、钙肥、镁肥、微量元素肥料、复合肥料、混合肥料、草木灰和农用盐等。无机肥料的优点是，所含特定营养元素充足，不仅用量少而且肥效快；缺点是肥分单一，如果长期使用会破坏土壤结构。

3.微生物肥

微生物肥也叫作菌肥或接种剂。确切地说它不是肥，因为它自身并不能被植物吸收利用，但是向土壤施用菌肥会加速熟化土壤，使土壤中的有效成分利于植物吸收；还有一些菌肥如根瘤菌肥料、固氮菌肥料可与植物建立共生关系，帮助植物吸收养分。针对不同种类的肥料特点，人们已经总结出很多行之有效的使用方法和经验。

（三）施肥原则

（1）根据树木种类合理施肥。生长快、生长量大需肥多。

（2）根据生长发育阶段合理施肥。

休眠期需肥少，营养生长需氮肥，生殖生长需磷、钾肥。

（3）根据树木用途合理施肥。

观形、观叶需氮肥；观花、观果需磷、钾肥。

（4）根据土壤条件合理施肥。

水少施肥难吸收，水多会流失肥料。

（5）根据气候条件合理施肥。

低温难吸收，干旱缺硼、磷、钾，多雨缺镁等。

（6）根据营养诊断合理施肥。

植物缺什么元素，补什么元素肥料。

（7）根据养分性质合理施肥。

有机肥提前施入，化肥深施，复合配方施肥。

（四）常用的施肥方法

1.基肥

基肥分为秋施和春施，草本植物一般在播种前一次施用；而木本植物还需要定期施用。方法是将混合好的肥料（有机肥为主，但一定要腐熟，还可以掺入化肥和微生物肥料）深翻或者深埋进土壤中根系的下部或者周围，但不要与根直接接触，以防“烧根”。

2.追肥

追肥是在植物生长季施用，应配合植物的生理时期进行合理补肥。一般使用速效的化学肥料，要掌握适当浓度以免“烧根”。生产上常常使用“随施随灌溉”的方法。

3.根外追肥

根外追肥也叫叶面喷肥，一定要控制施肥的浓度。根据叶片对肥料的吸收速度不同，一般配制时较低，吸收越慢的浓度也越低。防止吸收过程中肥料浓缩产生肥害，一般下午施用。常用的叶肥有磷酸二氢钾、尿素、硫酸亚铁等。以树木的施肥为例。树木是多年生植物，长期向周围环境吸收矿质养分势必导致营养成分的缺失。另外，由于土壤条件的变化也可能给树木吸收肥料带来很大阻力，所以适当施肥必不可少。首先根据树木的生命规律确定合理的施肥时机。由于根是最重要的吸收器官，所以根系的活动高峰也是树木吸收肥料的高峰。

对于落叶树木而言，根系活动在一年中有三个明显的高峰期。即树液流动前后的春季；新梢停长的夏季或秋季，此时往往出现一年中的最高峰；还有树液回流、落叶前后的秋季。对常绿树木而言，由于冬季温度较低，所以根系活动最旺盛的时期也在春、夏、秋三季。由于树木种类繁多，难以确定具体的施肥时机，但是树木生长的更迭是有规律的，所以需要根据形态指标法确定各种树木的需肥时机。

春季树液开始流动。树木枝条开始变柔软，有水分，一些树木有伤流发生。在此之前的1个月内如果土壤解冻就可以施用基肥了。

夏季新梢停长，大量营养回流根部建立新根系。此时可以观察到节间不再伸长，顶芽停止生长。另外，此时期也是花芽、果实发展的重要时期，应视树情追施氮肥和磷、钾肥。

秋季最明显的标志是树木开始落叶，此时是秋季施用基肥的最佳时期。值得注意的是基肥要腐熟、深埋，在树冠投影附近采用条状沟、放射沟等方法，施后覆土。树木的用肥量，要结合树势、气候条件和土壤肥力。一般按经验施肥，即看树施肥，看土施肥；基肥量大于落叶、枯枝、产果总量；弱树追肥要少量多次。

（五）施肥注意事项

①由于树木根群分布广，吸收养料和水分全在须根部位，施肥要在根部的四周，不要靠近树干。②根系强大，分布较深远的树木，施肥宜深，范围宜大，如油松、银杏、臭椿、合欢等；根系浅的树木施肥宜较浅，范围宜小，如法桐、紫穗槐及花灌木等。③有机肥料要充足发酵、腐熟，切忌用生粪，且浓度宜稀；化肥必须完全粉碎成粉状，不宜成块施用。④施肥（尤其是追化肥后），必须及时适量灌水，使肥料渗入土内。⑤应选天气晴朗、土壤干燥时施肥。阴雨天由于树根吸收水分慢，不但养分不易吸收，而且肥分还会被雨水冲失，造成浪费和水体富营养。⑥沙地、坡地、岩石易造成养分流失，施肥要深些。⑦氨肥在土壤中移动性较强，所以浅施即可渗透到根系分布层内，被树木吸收；钾肥的移动性较差，磷肥的移动性更差，宜深施至根系分布最多处。⑧基肥因发挥肥效较慢应深施，追肥肥效较快，则宜浅施，供树木及时吸收。⑨叶面喷肥是使肥料通过气孔和角质层进入叶片，而后运送到各个器官，一般幼叶较老叶吸收快，叶背较叶面吸水快，吸收率也高。所以，实际喷肥时一定要把叶背喷匀喷到，使之有利于树干吸收。⑩叶面喷肥要严格掌握浓度，以免烧伤叶片，最好在阴天或上午10时以前和下午4时以后喷施，以免气温高，溶液很快浓缩，影响喷肥或导致药害。⑪园林绿化地施肥，在选择肥料种类和施肥方法时，应考虑到不影响市容卫生，散发臭味的肥料不宜施用。

（六）花卉追肥技术

花卉栽培需要及时追施肥料，其追肥方式多种多样。但不同的方法各有利弊，应根据花卉生长的不同情况，合理选用。

1.冲施

结合花卉浇水，把定量化肥撒在水沟内溶化，随水送到花卉根系周围的土壤。采用这种方法，缺点是肥料在渠道内容易渗漏流失，还会渗到根系达不到的深层，造成浪费。优点是方法简便，在肥源充足、作物栽培面积大、劳动力不足时可以采用。

2.埋施

在花卉植物的株间、行间开沟挖坑，将化肥施入后填上土。采用这种办法施肥浪费少，但劳动量大、费工，还需注意埋肥沟坑要离作物茎基部10厘米以上，以免损伤根系。一般在冬闲季节、劳动力充足、作物生长量不大时可采用这种方法。在花卉生长高峰期也可采用此法，但为防止产生烧苗等副作用，埋施后一定要浇水，使肥料浓度降低。此方法在缺少水源的地方埋施后更应防烧苗。

3.撒施

在下雨后或结合浇水，趁湿将化肥撒在花卉株行间。此法虽然简单，但仍有一部分肥料会挥发损失。所以，只宜在田间操作不方便、花卉需肥比较急的情况下采用。在生产上，碳铵化肥挥发性很强，不宜采用这种撒施的方法。

4.滴灌

在水源进入滴灌主管的部位安装施肥器，在施肥器内将肥料溶解，将滴灌主管插入施肥器的吸入管过滤嘴，肥料即可随浇水自动进入作物根系周围的土壤中。配合地膜覆盖，肥料几乎不会挥发、损失，又省工省力，效果很好。但此法要求有地膜覆盖，并要有配套的滴灌和自来水设备。

5.插管渗施

这种施肥技术主要适用于木本、藤本等植物。在使用时应针对不同的植物对肥料的不同需求，选择不同的肥料配方。这种方法施肥操作简便，肥料利用率高，能有效地降低化肥投入成本。其插管制作方法是，取长20～25厘米、直径2～3厘米、管壁厚3～5毫米的塑料管1根，将塑料管底部制成圆锥形，便于插入土中。在塑料管四周（含下端圆锥体）均匀钻成直径为1～2毫米的小圆孔。塑料管的顶口部用稍大的塑料管制成罩盖，以防雨水淋入管内。渗施的方法是，插管制成后，可根据不同花卉对肥料元素需求的不同，将氮、磷、钾合理混配（一般按8：12：5的比例）后装入插管内，并封盖。然后将塑料管插入距花卉根部5～10厘米的土壤中，塑料管顶部露出土壤3～5厘米，以便于抽取塑料管查看或换装混配肥料。当装有混配化肥的塑料插管插入土壤后，土壤中的水分可通过插管的小圆孔逐渐渗入塑料管内将肥料分解。肥料分解物又可通过小圆孔不断向土壤中输送。

6.根外追肥

根外追肥即叶面喷肥，可结合喷药根外追肥。此法肥料用量少、见效快，又可避免肥料被土壤固定，在缺素明显和花卉生长后期根系衰老的情况下使用，更能显示其优势。除磷酸二氢钾、尿素、硫酸钾、硝酸钾等常用的大量元素肥料外，还有适于叶面喷施的大量元素加微量元素或含有多种氨基酸成分的肥料，如植保素、喷施宝、叶面宝等。花卉生长发育所需的基本营养元素主要来自基肥和其他方式追施的肥料，根外追肥只能作为一种辅助措施。

二、园林植物的水分管理

园林植物生长过程中离不开施肥、浇水等管理活动，水分管理能改善园林树木的生长环境，确保园林树木的健康生长及其园林功能的正常发挥。植物短期水分亏缺，会造成临时性萎蔫，表现为树叶下垂、萎蔫等现象，如果能及时补充水分，叶片就会恢复过来；而长期缺水，超过植物所能承受的限度，就会造成永久性萎蔫，即缺水死亡。而土壤水分过多，会导致根系窒息死亡。所以，应该调整好植物与土壤等环境的水分平衡关系。

（一）浇水量

植物种类不同，需浇水的量不同。一般来说，草本花卉要多浇水；木本花卉要少浇水。蕨类植物、兰科植物生长期要求丰富的水分；多浆类植物要求水分较少。同种植物不同生长时期，需浇水的量也不同。进入休眠期浇水量应减少或停止，进入生长期浇水量需逐渐增加，营养生长旺盛期浇水量要充足。开花前浇水量应予适当控制，盛花期适当增多，结实期又需要适当减少浇水量。

同种植物不同季节，对水分的要求差异很大。春夏季干旱，蒸发量大，应适当勤浇、多浇，一般每周或3～4天浇1次；夏秋之交虽然高温，但降水多，不必浇得太勤；秋季植物进入生长后期，需水量低，可适当少浇水。对于新栽或新换盆的花木，第一次浇水应浇透，一般应浇两次，第一遍渗下去后，再浇1遍。用干的细腐叶土或泥炭土盆栽时，这种土不易浇透，有时需要浇多遍才行。碰到这种情况，最好先将土稍拌湿，放1～2天再盆栽。

（二）浇水时间

在高温时期，中午切忌浇水，宜早、晚进行；冬天气温低，浇水宜少，并在晴天上午10时左右浇水；春天浇水宜中午前后进行。每次浇水不宜直接浇在根部，要浇到根区的四周，以引导根系向外伸展。每次浇水，按照“初宜细、中宜大、终宜畅”的原则来完成，以免表土冲刷。冬季，在土壤冻结前，应给花木浇足冻水，以保持土壤的墒情。在早春土壤解冻之初，还应及时浇足返青水，以促使花木的萌动。

（三）浇水次数

浇水次数应根据气候变化、季节变化、土壤干湿程度等情况而定。喜湿植物浇水要勤，始终保持土壤湿润；旱生植物浇水次数要少，每次浇水间隔期可隔数日；中生植物浇水要“见干见湿”，土壤干燥就浇透。喜湿的园林植物，如柳树、水杉、池杉等植物应少量多次灌溉；而五针松耐旱植物，灌水次数可适当减少。

（四）浇水水质

灌溉用水的水质通常分为硬水和软水两类。硬水是指含有大量的钙、镁、钠、钾等金属离子的水；软水是指含上述金属离子量较少的水。水质过硬或过软对植物生长均不利，相对来说，水质以软水为好，一般使用河水，也可用池水、溪水、井水、自来水及湖水，水最好是微酸性或中性。若用自来水或可供饮用的井水浇灌园林植物，应提前1～2天晒水，一是使自来水中的氯气挥发掉，二是可以提高水温。城市中要注意千万不能用工厂内排出的废水。

（五）叶面喷水

园林植物生长发育所需要的水分都是从土壤和空气中汲取的，其中主要是从土壤中汲取，同时也需要一定的空气湿度，所以不可忽视叶面喷水。植物叶面喷水可以增加空气湿度、降低温度，冲洗掉植物叶片上的尘土，有利于植物光合作用。一般我们注重给植物浇水，往往忽视植物叶片也需要水分。除了通过直接向土壤浇水，还应通过喷水保持空气的湿度，以满足园林植物对水分的要求。在干旱的高温季节，应增加喷水的次数，保持空气的湿度。特别是对喜湿润环境的花木，如山茶、杜鹃、玉兰、栀子等，即使正常的天气，也要经常向叶面喷水，空气相对湿度在60%以上它们才能正常发育。如四季秋海棠、大岩桐等一些苗很小的花卉，必须用细孔喷壶喷水，或用盆浸法来使其湿润。许多花木叶面不能积水，否则易引起叶片腐烂，如大岩桐、荷包花、非洲紫罗兰、蟆叶秋海棠等，其叶面有密集的茸毛，不宜对叶面喷水，尤其不应在傍晚喷水。有些花木的花芽和嫩叶不耐水湿，如仙客来的花芽、非洲菊的叶芽，遇水湿太久容易腐烂。墨兰、建兰的叶片常发生炭疽病，感染后叶片损伤严重，发现病害时，应停止叶面喷水。

（六）浇水方法

浇水前要做到土壤疏松，土表不板结，以利水分渗透；待土表稍干后，应及时加盖细干土或中耕松土，减少水分蒸发。沟灌是在树木行间挖沟，引水灌溉；漫灌是在树木群植或片植，株行距不规则，地势较平坦时，采用大水漫灌，此法既浪费水，又易使土壤板结，一般不宜采用；树盘灌溉是在树冠投影圈内，扒开表土做一圈围堰，堰内注水至满，待水分渗入土中后，将土堰扒平复土保墒，一般用于行道树、庭荫树、孤植树，以及分散栽植的花灌木、藤本植株；滴灌是将水管安装在土壤中或树木根部，将水滴入树木根系层内，土壤中水、气比例合适，是节水、高效的灌溉方式，但缺点是投资大；喷灌属机械化作业，省水、省工、省时，适用于大片的灌木丛和经济林。

（七）绿地排水

长期阴雨、地势低洼渍水或灌溉浇水太多，使土壤中水分过多形成积水称为涝。容易造成渍水缺氧，使园林植物受涝，根系变褐腐烂，叶片变黄，枝叶萎蔫，产生落叶、落花、枯枝，时间长了全株死亡。为减少涝害损失，在雨水偏多时期或对在低洼地势又不耐涝的园林植物要及时排水。

常用的排涝方法有：地表径流的地面坡度控制在0.1%～0.3%，不留坑洼死角；常用于绿篱和片林；明沟排水适用于大雨后抢排积水，特别是忌水树种，如黄杨、牡丹、玉兰等；暗沟排水采用地下排水管线并与排水沟或市政排水相连，但造价较高。园林植物是否进行水分的排灌，取决于土壤的含水量是否适合根系的吸收，即土壤水分和植物体内水分是否平衡。当这种平衡被打破时，植物会表现出一些症状。要依据这些特点，对土壤及时排灌。但是这些症状有时极易混淆，如长期积水导致根系死亡后，植物表现的也是旱害症状。这时就需要对其他因子进行合理分析才能得出正确的解决方案。

三、园林花卉的管理

园林花卉，是风景园林中不可缺少的材料，不同的花卉品种开花季节和花期长短各不相同。为实现一年四季鲜花盛开，除了科学搭配不同品种种植，抓好管理是关键。

（一）地栽花卉的管理

地栽花卉在栽培上要求土地肥沃疏松，通透性好，保水保肥力强。

肥水管理：前期肥水充足，以氮肥为主，结合施用磷、钾肥，中期氮、磷、钾肥结合；开花前控肥控水，促进花芽分化；开花后补施磷、钾、氮肥，可延长开花期。每月进行1次浅松表土，除去杂草，结合施肥。草本花卉，多施液肥；木本花卉，雨季可开小穴干施。植株高大的地栽花木，不能露根，适当培土可防止倒伏。

修剪覆盖：在生长中要及时剪去干枯的枝叶，另外在夏秋季节进行地表覆盖，可保湿、防旱和抑制杂草生长。

病虫防治：每月喷1次杀虫药剂，在修剪后或暴雨前后喷1次杀菌剂，均有防治效果。藤本花卉管理的不同之处，是要树柱子或搭支架，使之攀缘生长。

（二）盆栽花卉的管理

盆栽花卉在园林绿化中主要指盆栽时花和盆栽阴生植物。盆栽花卉是经过两个阶段培育而成的；第一个阶段是在花圃进行培育；第二个阶段是装盆后生长到具有观赏价值或开花前后，摆放到室外广场（花坛）、绿化景点中，以及亭台楼阁甚至室内的办公室、会议室、厅堂、阳台等。花圃培育盆栽花卉，首先选择各类各种时花和阴生植物，进行整地播种或扦插（在荫棚沙池无性繁殖），幼苗期加强肥水管理和病虫害的防治；其次准备规格合适的陶瓷、塑料花盆，装上事先拌好的配方花泥（干塘泥粒65%～70%、腐熟有机质10%、沙20%、复合肥3%～5%），盆底漏水孔压上瓦片，装量八成；最后种上幼苗，分类摆放加强管理，长大或开花前后放至摆放点。

盆栽花卉第二阶段的管理。由于摆放分散，重点做好“三防”：防旱、防渍、防冻。防旱：高温炎热天气，水分蒸腾蒸发快，室外2～3天浇1次水，室内

5～7天浇1次水。防渍：盆体通透性和渗漏性很差，只靠盆底漏水孔渗漏渍水。室外盆栽严禁盆底直落泥地，室内及阳台盆栽，不要每天淋水，每次淋水后观察盆底是否有滴水，如滴水不漏，一是盆土板结，应适当松土，二是盆底漏水孔堵塞，应及时疏通或转盆。盆栽花卉失败大多是因为盆底部分渍水烂根影响生长以致死亡。防冻：热带花卉和阴生植物如绿巨人、万年青等在冬季气温18℃以下时，不少品种开始出现冻害；露天和阳台盆栽花卉，在低温、霜冻天气，要搭棚覆盖保温或搬进暖房防冻。除了做好以上"三防"，阴生植物还要注意防晒，烈日会灼伤叶片，影响生长，甚至导致植物死亡，宜放于室内和厅堂及阳台无直射光的背日处。

盆栽施肥：施肥种类为有机、无机肥结合，木本以有机肥为主，草本以无机肥为主，观花的磷、钾、氮肥比例是3∶2∶1，观叶的是2∶1∶3。施肥次数，视长势每月1～2次，结合淋水施液肥，减少干施；严禁施用未腐熟的有机肥，否则易造成肥害伤根。施肥量视盆土多少，能少勿多，免于肥害。必要时采用根外施肥等，可使叶色浓绿，花期延长。

换盆：为使盆栽花卉根多叶茂，按时盛开花期长，多数多年生的木本和部分其他花卉需要换盆。换盆的时间要考虑两个因素：一是盆土多少和盆土质量，土量少质量差的早换，土量多质量好（如纯干塘泥的配方花泥）的迟换；二是花卉的大小、高矮，高大花卉早换，矮小花卉迟换，一般2～3年换盆1次。换盆方法：空盆放上瓦片压住盆底孔，在瓦片上放上一把粗沙，然后将配方花泥放入1/3，换盆前3～5天不淋水。换盆时，盆内周边淋少量的水，振动盆体，花盆侧倾，用木棍或两个大拇指顶住盆底瓦片，边摇边压，以使盆土离盆。用花铲铲去1/3的旧泥（最多不能超过50%），保留新根，用枝剪剪去老根，剪齐断根，然后小心放入新盆，根顺干正，填上配方花泥，压实淋透（盆底滴水）。

盆栽花卉由于分散，通风透光好，病虫较少，但要细心查看。一经发现病虫害，要用手提喷雾器逐盆喷药。另外，部分花卉对土壤pH值要求较严，如含笑、茶花等要求酸性土壤生长才正常，可每月淋柠檬酸水2～3次，土壤pH值保持4左右。居民家庭养花绝大多数是盆栽花卉，上述管理措施也适用于家庭养花、阳台绿化等的日常管理。

四、草坪的养护管理

草坪的养护原则是均匀一致，纯净无杂，四季常绿。在一般管理水平情况下，绿化草坪（如细叶结缕草）可按种植时间的长短划分为四个阶段。一是种植至长满阶段，指初植草坪，种植至1年或全覆盖（100%长满无空地）阶段，也叫长满期。二是旺长阶段，指植后2～5年，也叫旺长期。三是缓长阶段，指种植后6～10年，也叫缓长期。四是退化阶段，指植后10～15年，也叫退化期。在较高的养护管理水平下，天鹅绒草（细叶结缕草）草坪退化期可推迟5～8年。具体时间与草坪草种类有关，有的推迟3～5年，也有的提前3～5年。

（一）恢复长满阶段的管理

按设计和工艺要求，新植草坪的地床，要严格清除杂草种子和草根草茎，并填上纯净客土刮平压实10厘米以上才能种植草皮。草皮种植大多是密铺、间铺和条铺3种方式。为节约草皮材料可用间铺法，该法有两种形式，且均用长方形草皮块。一为铺块式，各块间距3～6厘米，铺设面积为总面积的1/3；二为梅花式，各块相间排列，所呈图案亦颇美观，铺设面积占总面积的1/2，用此法铺设草坪时，应按草皮厚度将铺草皮之处挖低一些，以使草皮与四周面相平。草皮铺设后，用石磙子磙压和灌水。春季铺设应在雨季后进行，匍匐枝向四周蔓延可互相密接。条铺法是把草皮切成宽6～12厘米的长条，以20～30厘米的距离平行铺植，经半年后可以全面密接，其他同间铺法。密铺无长满期，只有恢复期7～10天，间铺和条铺有50%以上的空地需一定的时间才能长满，春季种和夏季种的草皮长满期短、仅1～2个月，秋种、冬种长满慢，需2～3个月。

在养护管理上，重在水、肥的管理，春种防渍，夏种防晒，秋、冬种草防风保湿。一般种草后1周内早晚喷水1次，并检查草皮是否压实，要求草根紧贴客土。种植后两周内每天傍晚喷水1次，两周后视季节和天气情况一般两天喷水1次，以保湿为主。施肥：植后1周开始到3个月内，每半个月施肥1次，用1%～3%尿素液结合浇水喷施，前稀后浓，以后每月按30～45千克/公顷施1次尿素；雨天干施，晴天液施；全部长满草高8～10厘米时，用剪草机剪草。除杂草：早则植后半个月，迟则1月，杂草开始生长，要及时挖草除根，挖后压实，以免影响主草生长。新植草坪一般无病虫，无须喷药，为加速生长，后期可用

0.1%～0.5%磷酸二氢钾结合浇水喷施。

（二）旺长阶段的管理

草坪植后第二年至第五年是旺盛生长阶段，观赏草坪以绿化为主，所以重在保绿。水分管理：以翻开草茎，客土干而不白，湿而不渍，一年中春夏干、秋冬湿为原则。施肥轻施薄施；一年中4～9月少，两头多；每次剪草后施尿素15～30千克/公顷。旺长季节，控肥、控水、控制长速，否则剪草次数增加，养护成本增大。剪草：本阶段的工作重点，剪草次数多少和剪草质量的好坏与草坪退化和养护成本有关。剪草次数一年控制在8～10次为宜，2～9月平均每月剪1次，10月至翌年1月每两个月剪1次。剪草技术要求：一是草坪最佳观赏高度为6～10厘米，超过10厘米可剪，大于15厘米时会起“草墩”，此时必剪；二是剪前准备，剪草机动力要正常，草刀锋利无缺损，同时捡净草坪中的细石杂物；三是剪草机操作，调整刀距，离地2～4厘米（旺长季节低剪，秋冬高剪），匀速推进，剪幅每次相交3～5厘米，不漏剪；四是剪后及时清理干净草叶，并保湿施肥。

（三）缓长阶段的管理

草坪种植后6～10年的草坪，生长速度有所下降，枯叶枯茎逐年增多，在高温多湿的季节易发生根腐病，秋冬易受地老虎危害，工作重点注意防治病虫危害。如天鹅绒草连续渍水3天开始烂根，排干渍水后仍有生机；连续渍水7天，90%以上烂根，几乎无生机，需重新种植草皮。渍水1～2天烂根虽少，但排水后遇高温多湿有利于病菌繁殖，导致根腐病发生。用硫菌灵或多菌灵800～1000倍液，喷施病区2～3次（2～10天喷1次），防治根腐病效果好。高龄地老虎在地表把草的基部剪断形成块状干枯，面积逐日扩大，危害迅速，造成大片干枯。检查时需拨开草丛才能发现幼虫。要及早发现及时在幼虫低龄时用药，危害处增加药液，3天后清除掉危害处的枯草，并补施尿素液，1周后草坪开始恢复生长。缓长期的肥水管理比旺长期要加强，可进行根外施肥。剪草次数控制在每年7～8次为好。

（四）草坪退化阶段的管理

草坪植后10年开始逐年退化，植后15年严重退化。此时要特别加强水肥管理，严禁渍水，否则会加剧烂根枯死。除正常施肥外，每10～15天用1%尿素和磷酸二氢钾混合液根外施肥。退化草坪剪后复青慢，全年剪草次数不宜超过6次。另外，由于主草稀，易长杂草，对杂草要及时挖除。此期需全面加强管理，才能有效延缓草坪的退化。

（五）草坪的施肥管理

如何延长草坪的利用期，保持良好的绿色度，增强草坪的园林绿化效果，是草坪养护的重要任务。草坪施肥工作的特点：首先草坪不同于树木，每次对草坪的操作都是对群体的作用。如果忽略群体内部的共生与竞争关系，破坏了群体稳定性，很可能为今后的工作增加难度。所以，应当明确草坪的施肥在一般情况下只是一种辅助手段，创造良好的群内结构才是草坪养护的关键。在实际工作中常会出现，那些看似管理粗放的草坪反而比精耕细作要强的现象。所以，草坪施肥时机和施肥次数的确定是个很值得研究的问题。

最常用的方法是根据草坪的类型确定施肥。一般草坪（公路隔离带、公共绿地等）一年集中施肥1次，也可以分两次施用。高档草坪（足球场、高尔夫球场）一年要施肥4～6次。施肥时机要根据草的生态习性分类进行区分。冷季型草：如高羊茅、匍匐剪股颖、草地早熟禾和黑麦草等，施肥的最佳时期是夏末；如在早春到仲春大量施用速效氮肥，会加重其春季病害；初夏和仲夏施肥要尽量避免或者少施，以提高冷季型草的抗胁迫能力。暖季型草：如狗牙根、矮生百慕大草、地铺拉草、蜈蚣草和水牛草等，施肥的最佳时期是在春末；第二次最好安排在初夏和仲夏。如在晚夏和初秋施肥可降低草的抗冻能力，易造成冻害。

另外，给草坪施肥不仅要考虑施肥时机和次数，肥料的用量也十分重要。施肥量取决于多种因素，包括空气条件、生长季节的长短、土壤的肥力、光照条件、使用频率、修剪情况和对草坪的期望值。一般生长良好的条件下，用量不超过60千克/公顷，速效氮过量易产生损伤。冷季型草在高温季节不可超过30千克/公顷，速效氮可用缓效肥料代替，但应该少于180千克/公顷。修剪过低的草坪要少于正常草坪的肥料用量，一般速效氮用量不超过25千克/公顷。

（六）草坪的水分管理

草坪植物的耗水特点：草坪土壤的水分，除了一部分用于植物的蒸腾作用，大量水分以地表的蒸发和土壤孔隙蒸发的形式损耗，所以草坪的耗水量往往都大于树木。

浇水时间和浇水量：生长季浇水应该在早晨日出之前，一般不在炎热的中午和晚上浇水，中午浇水易引起草坪的灼烧，晚上浇水容易使草坪感病。最好不用地下水而用河水或者池塘里的水，防止地下水温度太低给草坪带来伤害。草坪的根系分布较浅，所以浇水量可以依据水分渗透的深度确定，或根据坪草根系深浅来确定用水的多与少。

需要注意的是，配合其他养护措施时一定要有先后顺序，即修剪之前浇水，施肥以后浇水。冬季浇水主要是为了防寒，由于蒸发量小，可以在土壤上冻前一次灌足冻水。另外，为了缓解春旱，春季要灌返青水。

浇水的方法：有大水漫灌、滴灌、微灌、喷灌和喷雾等。生长季常用的是喷灌，便于操作、浇水均匀且土壤吸收也好。漫灌的方法常用于冻水和返青水，水量充足但利用率不高。滴灌和微灌是最节水的方法，但是设备要求过高。草坪的排水，多通过采用坪床的坡度造型配合排水管道进行。

第三节　园林植物的整形修剪

修剪是指对植株的某些器官，如茎、枝、叶、花、果、芽、根等部分进行剪截的措施。整形是指对植株实行一定的修剪措施而使其形成某种树体结构形态。常用的整形方法有短剪、疏剪、缩剪，用以处理主干或枝条；在造型过程中也常用曲、盘、拉、吊、扎、压等办法限制植株生长，改变树形，培植出各种姿态优美的树木、花草和盆景。整形修剪是园林植物综合管理过程中不可缺少的一项重要技术措施。在园林上，整形修剪广泛地用于树木、花草的培植及盆景的艺术造型和养护。整形修剪能促进乔、灌木的生长，利于观赏，预防和减少病虫害，对提高绿化效果和观赏价值起着十分重要的作用。

一、整形修剪的作用

对园林植物进行正确的整形修剪工作，是一项很重要的经常性养护管理工作。它可以调节植物的生长与发育，创造和保持优美、合理的植株形态，构成有一定特色的园林景观。整形修剪的作用主要表现在以下几方面：①通过整形修剪促进和抑制园林植物的生长发育，改变植株形态。②利用整形修剪调整树体结构，促进枝干布局合理，树形美观。③整形修剪可以调节养分和水分的输送，平衡树势，改变营养生长与生殖生长之间的关系，调控开花结果，也可避免花、果过多而造成的大小年现象。在花卉栽培上常采用多次摘心办法，促进侧枝生长，增加开花数量；移栽时合理修剪能提高成活率。④经整形修剪，除去枯枝、病虫枝、密生枝，改善树冠通风透光条件，促进植物生长健壮，减少病虫害，保持树冠外形美观，增强绿化效果。⑤树木进入衰老期后，适度地修剪可刺激枝干皮层内的隐芽萌发，诱发形成健壮新枝，达到恢复树势、更新复壮的目的。⑥在城市街道绿化中，由于地上、地下的电缆和管道关系，通常须采取修剪、整形措施来解决其与植物之间的矛盾。

二、整形修剪的原则

整形修剪的原则是，植株个体的大小、形态必须符合绿地整体景观和生态的要求；少进行人为修饰，多采取树体清洁、树冠修整等技术措施，充分体现园林植物的自然形态；进行修剪整形等养护作业时，应按照具体植物在绿地中的功能、景观和空间作用区别进行。

（一）根据树种习性整形修剪

园林树木千差万别，种类不但十分丰富，而且每个树种还在栽培过程中形成了许多品种，由于它们的习性各不相同，在整形修剪中也要有所区别。如果要培养明显中心干树形时，由于不同树种分枝习性不同，其修剪方法不同，大多数针叶树为主轴分枝习性，中心主枝优势较强，整形时主要控制中心主枝上端竞争枝的发生，短截强壮侧枝，保证主轴顶端优势，不使其形成双杈树形。大多数阔叶树为合轴分枝习性，因顶端优势较弱，在修剪时，应当短截中心主枝顶端，培养剪口壮芽重新形成优势，代替原中心主枝向上生长，以此逐段合成中心干而形成高大树冠。整形修剪要充分考虑树木的发枝能力、分枝特性、开花习性等因素。

（二）根据景观配置功能要求和立地条件整形修剪

修剪时不仅要分析植物的个体特征，还要考虑到该植物与周边环境的关系；修剪前应分析不同栽植形式的审美取向，不同的景观配置要求有相应的整形修剪方式，不要笼统地采用同一修剪模式。如孤植树应注重保留其天然树形，并突出树形特征，修剪原则以诱导为主，为促进尽早成形稍加修整，修剪量不宜太大。丛植树更注重对周围环境的点缀作用，首先要根据其点缀对象和背景来控制其整体造型的高度、体积及形状。丛植树中个体树种的树形特性就不再是修剪时考虑的重点。片植的树木，除边际树木外，修剪主要服从于促进生长的需要，主要修剪枯死枝、病虫枝、过密枝、纤弱枝、内膛枝等，以利于通风透光。而建筑物附近的绿化，其功能则是利用植物自然开展的树冠姿态，丰富建筑物的立面构图，改变它单一规整的直线条。整形修剪只能顺应自然姿态，对不合要求、扰乱树形的枝条进行适度短截或疏枝。而有的树种以观花为主，为了增加花量必须使树冠通风透光，因此整形要从幼苗期开始，把树冠培养成开心形或主干疏层形等，有利于增加内膛光照，促使内膛多分化花芽而多开花。行道树既要求树干通直，又要树冠丰满美观，在苗期培养时，采用适当的修剪方法，培养好树干。有的树种为衬托景区中主要树种的高大挺拔，必须采用强度修剪，进行矮化栽培。整形修剪还要依立地条件进行，通过修剪来调控其与立地条件相适应的形状与体量，同一树种，配置的立地环境不同，应采取不同的整形修剪方式。

（三）根据树龄整形修剪

幼树以整形为主，对各主枝要轻剪，以求扩大树冠，迅速成形。成年树以平衡树势为主，要掌握壮枝轻剪，缓和树势；弱枝重剪，增强树势的原则。衰老树要复壮更新，通常要加以重剪，以使保留芽得到更多的营养而萌发壮枝。

（四）根据修剪反应规律整形修剪

同一树种由于枝条不同，枝条生长位置、姿态、长势也各不相同；短截、疏剪程度不同，反应也不同。如萌芽前修剪时，对枝条进行适度短截，往往促发强枝，若轻剪，则不易发强枝；若萌芽后短截则促多萌芽。所以，修剪时必须顺应其规律，给予相适应的修剪措施以达到修剪的目的。

（五）根据树势强弱决定整形修剪

树木的长势不同，对修剪的反应不同。生长旺盛的树木，修剪宜轻。如果修剪过重，势必造成枝条旺长，树冠密闭，不利通风透光，内膛枯死枝过多，不但影响美观，而且对于观花果的园林树木，将不利于其开花结果。对于衰老树，则宜适当重剪，使其逐步恢复树势。所以，一定要因形设计，因树修剪，方能有效。

三、整形修剪的时期

园林树木种类很多，习性和功能各异，树种不同，培育目的不同，适宜修剪的季节也不相同。因此，要根据具体要求选择合适的时期修剪，才能达到目的。树木的修剪时期，大体上可分为休眠期修剪和生长期修剪。

（一）休眠期修剪

休眠期修剪又叫冬剪。在休眠期，树体贮藏的养分充足，修剪后，有利于留存枝芽集中利用贮藏的营养，促进新梢的萌发。休眠期修剪的具体时期因树种而异，早春树液流动前修剪，伤口愈合最快，故多数适合休眠期修剪的树种，以早春修剪为好；落叶果树，一般要求在落叶后1个月左右修剪，不宜太迟；伤流严重的树种，如葡萄、核桃、猕猴桃等，宜在休眠期的前期修剪，如在南方，葡萄一般在1月冬剪，核桃在采果后至叶片变黄脱落前修剪，猕猴桃在北京应于2月前冬剪，在南方还应提早。

（二）生长期修剪

生长期修剪习惯上又叫夏剪，但实际应包括春季萌芽至秋末树木停止生长的整个生长期的修剪。在生长期，树木的枝叶生长旺盛，在修剪量相同时，夏剪抑制树木生长的作用大于冬剪。因此，在一般情况下，夏剪宜轻不宜重，以去蘖，摘心，疏去病虫、密生和徒长枝为主。多数树种，既要冬剪，又要夏剪，但有些树种，如槭树、桦木、枫杨、香槐、四照花等，休眠期或早春伤流严重，只宜在伤流轻且易停止的夏季修剪。多数常绿树种，特别是常绿花果树，如桂花、山茶、柑橘等，无真正的休眠期，根与枝叶终年活动，即使在冬季，叶内的营养也不完全用于贮藏。因此，常绿树的枝叶在全年的任何时候都含有较多的养分，在南方更是如此。故常绿树的修剪要轻，修剪时期虽可不受太多限制，但以晚春树木发芽萌动之前为最好。

四、修剪技术

（一）修剪的方法

1.短截

剪去枝条的一段，保留一定长度和一定数量的芽，称为短截。短截一般在休眠期进行。短截对于枝条的生长有局部刺激作用，它能促进剪口下侧芽的萌发，是调节枝条生长势的重要方法。短截可促进分枝，增加生长量，但如果短截太强，树木生长点的总量就会减少，总的叶面积也相应减少，因此减少树体的总生长量，对树木的生长产生不利的影响。因此，要根据树势，确定短截的强弱，避免产生不良作用。短截的强度一般根据短截的长短来划分。

（1）轻短截

轻剪枝条的顶梢，剪去枝条全长1/5 ~ 1/4，主要用于花果树木的强壮枝修剪。去掉枝梢顶后可刺激其下部多数半饱满芽的萌发，分散枝条的养分，促进产生大量中短枝，易形成花芽。

（2）中短截

剪去枝条全长的1/3 ~ 1/2，剪口位于枝条中部或中上部饱满芽处。剪口芽强健壮实，养分相对集中，因此刺激多发营养枝。主要用于某些弱枝复壮，各种树木骨干枝、延长枝的培养。

（3）重短截

剪去枝条全长的2/3 ~ 3/4，由于剪掉枝条大部分，刺激作用大。由于剪口下芽一般为弱芽，重短截后除发1 ~ 2个旺盛营养枝外，下部可形成短枝。这种修剪主要用于弱树、老树、老弱枝的复壮更新。

（4）极重短截

在枝条基部轮痕处留2 ~ 3个芽剪截，由于剪口芽为瘪芽，芽的质量差，剪后常萌生1 ~ 3个短、中枝，有时也能萌发旺枝，但少见。紫薇采用此法修剪。短截应注意留下的芽，特别是剪口芽的质量和位置，以正确调整树势。

2.疏剪

将枝条从着生基部剪除的方法称疏剪，又称疏删或疏枝。疏剪使枝条密度减少，树冠通风透光，有利于内部枝条的生长发育，避免或减少内膛枝产生光脚现象；疏剪减少了枝条的数量，来春发芽时可使留存的芽得到更多的养分和水分供应，因而新梢的生长势加强。疏剪的对象通常是枯老枝、病虫枝、平行枝、直立枝、轮生枝、逆向枝、萌生枝、根蘖条等。

3.缩剪和长放

（1）缩剪

缩剪又叫回缩，缩剪的对象是两年生或两年以上生的枝条。它一般在休眠期进行，方法与短截相似，但一般修剪量较大，刺激较重，有更新复壮的作用。它可降低顶端优势的位置，改善光照条件。

缩剪常用于多年生骨干枝的复壮。树木经过多年生长，由于顶端优势的作用，枝梢越伸越长，枝条下部则光秃裸露，必须通过缩剪降低顶端优势的位置，促进基部枝条的更新复壮。例如，二球悬铃木常采用缩剪的办法改造树形。在回缩多年生枝时，往往因伤口大而影响下枝长势，需暂时留适当的保护桩；待母枝长粗后，再把桩疏掉，因为这时的伤口面积相对缩小，所以不影响下部生枝。延长枝回缩短截，伤口直径比剪口下第一枝粗时，必须留一段保护桩。疏除多年生的非骨干枝时，如果母枝长势不旺，并且伤口比剪口枝大，也应留保护桩。回缩中央领导枝时，要选好剪口下的立枝方向。立枝方向与主干一致时，新领导枝姿态自然。立枝方向与主干不一致时，新领导枝的姿态就不自然。切口方向应与切口下枝条伸展方向一致。

缩剪有双重作用：一是减少树体的总生长量；二是缩剪后，使养分和水分集中供应剪枝部位后部的枝条，刺激后部芽的萌发，重新调整树势。特别是重回缩，对复壮更新有利，又称更新修剪。

（2）长放

长放又叫缓放，指对1年生枝条不做任何修剪，让其延伸。长放由于没有剪口和修剪的局部刺激，缓和了枝条的生长势，故长放是一种缓势修剪。长放后，可以形成许多中短枝，对树体发育有利，特别适用于果树苗木的修剪。因此，长放和回缩是相辅相成的两种措施，长放主要针对中庸平斜着生的枝条，但应根据树势综合考虑，适当长放，及时回缩。

（二）修剪中常见的技术问题

1.剪口及剪口芽的处理

（1）平剪口

剪口在侧芽的上方呈近似水平状态，在侧芽的对面为缓倾斜面，其上端略高于芽5~10毫米。位于侧芽顶尖上方，其优点是剪口小，易愈合，是园林树木小枝修剪中较合理的方法。

（2）留桩平剪口

剪口在侧芽上方呈近似水平状态，剪口至侧芽的距离以5~10毫米为宜，过短，芽易枯死；过长，易形成枯桩。留桩平剪口的优点是不影响剪口侧芽的萌发和伸展，缺点是剪口较难愈合，第二年冬剪时应剪去残桩。

（3）大斜剪口

当要抑制剪口芽长势时，可采用大斜剪口。因为当剪口倾斜时，伤口增大，水分蒸发多，剪口芽养分供应受阻，故能抑制剪口芽生长，促进下面一个芽的生长。

（4）大侧枝剪口

大侧枝剪断后，伤口大，不易愈合，但如果使切口稍凸成馒头状，较利于愈合；采取平面反而容易凹进树干，不利愈合。留芽的位置不同，未来新枝生长方向也各有不同。留上、下两枚芽时，会产生向上、向下生长的新枝；留内、外芽时，会产生向内、向外生长的新枝。

2.竞争枝的处理

如果冬剪时对顶芽或顶端侧芽处理不当，常在生长期形成竞争枝，如不及时修剪，往往扰乱树形，影响树木功能效益的发挥。可按如下方法处理，对于1年生竞争枝，如果下部邻枝弱小，竞争枝未超过延长枝的，可齐竞争枝基部一次剪除；如果竞争枝未超过延长枝，但下部邻枝较强壮，可分两年剪除，第一年对竞争枝重短截，抑制竞争枝长势，第二年再齐基部剪除；如果竞争枝长势超过延长枝，且竞争枝的下邻枝较弱小，可一次剪去较弱的延长枝，称换头；如果竞争枝超过延长枝，竞争枝的下邻枝又很强，则应分两年剪除延长枝，使竞争枝逐步代替原延长枝，称转头，即第一年对原延长枝重短截，第二年再疏剪它。对于多年生竞争枝，如果是花、果树木，附近有一定的空间时，可把竞争枝一次性回缩修剪到下部侧枝处，如果会破坏树形或会留下大空位，则可逐年回缩修剪。

五、整形技术

由于各种树木的自身特点及对其预期达到的要求不同，整形的方式也不同。一般整形工作总是结合修剪进行的，所以除特殊情况外，整形的时期与修剪的时期是统一的。整形的形式概括起来可分为以下三类：

（一）自然式整形

这种整形方式几乎完全保持了树木的自然形态，按照树种本身的自然生长特性，只对树冠的形状做辅助的调整和促进，使之早日形成自然树形。如垂柳、垂榆、龙爪槐及水杉、雪松等。修剪时，应保持其树冠的完整，仅对影响树形的徒长枝、内膛枝、并生枝与枯枝、病虫枝、伤残枝、重叠枝、交叉过密和根部集生枝以及由砧木上萌发出的枝条（垂柳、龙爪槐、红花刺槐等）等进行修剪。而对于雪松、龙柏、圆柏、云杉、冷杉等，为增添城市森林景色，要求干基枝条不光秃，形成自下而上完整圆满的绿体，因此，下部枝条不修剪，只对上边的病虫枝、枯死枝及影响树形的枝条进行修剪。自然式整形是符合树种本身的生长发育习性的，因此常有促进树木生长的作用，并能充分发挥该树种的树形特点，最易获得良好的观赏效果。

各种树木因分枝习性和生长状况不同，形成的自然冠形各式各样，归纳起来，有以下几类：圆柱形（龙柏、圆柏）；塔形（雪松、云杉、冷杉、塔形杨）；圆锥形（落叶松、毛白杨）；卵圆形（壮年期圆柏、加杨）；圆球形（元宝枫、黄刺玫、栾树、红叶李）；倒卵形（枫树、刺槐）；丛生形（玫瑰）；伞形（龙爪槐、垂榆）。了解各树木的冠形是进行自然式整形的基础。除塔形、伞形、丛生形外，其余各类冠形的明显界限，会随年龄增长而发生变化，故修剪时要灵活掌握。对主干明显有中央领导干的单轴分枝树木，修剪时应注意保护顶芽，防止偏顶而破坏冠形。

（二）人工式整形

为满足城市园林绿化的某些特殊要求，有时可人为地将树木整形成各种规则的几何图形或不规则的各种形体。几何形体的整形是以其构成规律为依据进行的。如正方形树冠应先确定边长；长方形树冠应先确定每边的长度；球形树冠应先确定半径等。非几何形体的整形包括垣壁式整形和雕塑式整形两类。垣壁式整形是为达到垂直绿化墙壁的目的而进行的整形方式，在欧洲的古典式庭园中较为常见，有U字形、肋骨形、扇形等。雕塑式整形是根据整形者的意图创造的形体，整形时应注意与四周园景的协调，线条勿过于烦琐，以轮廓鲜明、简练为佳。人工式整形是与树种本身的生长发育特性相违背的，不利于树木的生长发育，而且一旦长期不剪，其形体效果就易破坏，所以在具体应用时应全面考虑。

（三）混合式整形

混合式整形是根据园林绿化的要求，对自然树形加以或多或少的人工改造而形成的树形。常见的有杯形、自然开心形、多领导干形、中央领导干形、丛球形、棚架形等。

1.杯形

这种树形无中心干，仅有很短的主干，自主干上部分生3个主枝，均匀向四周排开，3个枝各自再分生两个枝而成6个枝，再从6个枝各分生两个枝即成12个枝，即所谓“三股、六杈、十二枝”的形式。这种几何状的规整分枝整齐美观，冠内不允许有直立枝、内向枝的存在，一经发现必须剪除。这种树形在城市行道树中极为常见，如碧桃和上有架空线的槐树修剪即为此形。

2.自然开心形

由杯形改进而来，此形无中心主干，中心也不空，但分枝较低，3个主枝分布有一定间隔，自主干上向四周放射而出，中心开展，故称自然开心形。但主枝分枝不为二杈分枝，而为左右相互错落分布，因此树冠不完全平面化，能较好地利用空间。冠内阳光通透，有利于开花结果。在园林树木中的碧桃、榆叶梅、石榴等观花、观果树木修剪采用此形。

3.多领导干形

留2～4个中央领导干，于其上分层配备侧生主枝，形成匀称的树冠。本形适用于生长较旺盛的树种，可形成较优美的树冠，提早开花，延长小枝寿命，最宜于观花乔木、庭荫树的整形。

4.中央领导干形

留一强中央领导干，在其上配列稀疏的主枝。本形式对自然树形加工较少。适用于干性较强的树种，能形成高大的树冠，最宜于庭荫树、独赏树及松柏类乔木的整形。

5.丛球形

此种整形法类似多领导干形。只是主干较短，干上留数主枝呈丛状。本形多用于小乔木及灌木的整形。

6.棚架形

这是对藤本植物的整形。先建各种形式的棚架、廊、亭，种植藤本树木后，按其生长习性加以剪、整和诱引。

以述三类整形方式，在园林树木的修剪整形中以自然式整形应用最多，既省人力、物力，又容易成功。其次为混合式整形，可使花朵硕大、繁密，结果累累，且比较省工，但需适当配合其他栽培技术措施。关于人工式整形，一般而言，由于很费人工，且需由较高技术水平的人员操作，故只在局部或在要求特殊美化处应用。

结束语

园林景观施工技术在未来一段时间将是以科技与艺术融合的趋势发展，养护管理与计算机融合的趋势将会逐渐显现，人工劳动所占比例将会逐渐缩小。在人工智能发展到一定阶段后，在树木、花卉的种植防护养护等方面，机器人将逐渐代替人工劳动，未来园林景观呈现给人们的将不再只是艺术美感，科技美感将会融入其中。

参考文献

[1]王勇.景观园林绿化施工设计及养护工作关键[J].现代园艺，2020，43（21）：223-224.

[2]张慧芳.景观园林绿化的设计原则与施工方案分析[J].现代园艺，2020（20）：159-160.

[3]黄婷婷.浅谈园林绿化的施工原则与管理养护[J].居业，2020（10）：72-73.

[4]颜美云.景观园林施工及绿化养护技术分析[J].江西建材，2020（9）：224-225.

[5]杜晋泽昱.景观园林施工设计及绿化养护技术要点分析[J].居舍，2020（27）：123-124+194.

[6]马心雨.园林植物施工管理及后期养护措施之研究[J].农家参谋，2020（18）：103.

[7]蔡玮炜.景观园林施工设计及养护技术要点分析[J].现代园艺，2020，43（16）：213-214.

[8]何海涛.市政园林绿化施工与养护思考[J].中小企业管理与科技，2020（23）：138-139.

[9]王爱伟.城市园林绿化景观施工与养护措施初探[J].河南农业，2020（23）：33-34.

[10]郭琦.园林景观工程施工及养护管理措施探究[J].种子科技，2020，38（13）：51-52.

[11]单园.精细施工在园林景观施工中的具体措施[J].现代物业（中旬刊），2020（7）：152-153.

[12]张迪，王东亮，周兆栋.景观园林施工设计及绿化养护技术要点分析[J].现

代农业研究，2020，26（7）：75–76.

[13]谭学红.城市园林景观施工与道路绿化养护管理探究[J].现代园艺，2020，43（12）：177–178.

[14]高健.分析园林绿化施工中乔木栽植与养护管理技术[J].现代园艺，2020，43（12）：35–36.

[15]马冬生.分析景观园林施工设计及绿化养护技术要点[J].花卉，2020（12）：83–84.

[16]吴是逵.对城市园林景观施工与道路绿化养护管理的分析[J].现代园艺，2020，43（10）：179–180.

[17]姬园园，于晓龙，郭静静.景观园林绿化施工设计及养护技术要点分析[J].工程技术研究，2020，5（10）：222–223.

[18]郭洁.探析园林景观施工与道路绿化养护[J].花卉，2020（10）：95–96.

[19]王仲军.景观园林绿化施工设计及养护技术要点分析[J].花卉，2020（10）：132–133.

[20]罗振鹏.景观园林施工设计及绿化养护技术要点[J].种子科技，2020，38（9）：36+39.